港口供应链与物流管理理论

王文渊　著
郭子坚　校

中国建筑工业出版社

图书在版编目（CIP）数据

港口供应链与物流管理理论/王文渊著．—北京：中国
建筑工业出版社，2017.12
ISBN 978-7-112-21558-4

Ⅰ．①港…　Ⅱ．①王…　Ⅲ．①港口-供应链管理-研究
②港口-物流管理-研究　Ⅳ．①U695.2

中国版本图书馆 CIP 数据核字（2017）第 287853 号

责任编辑：刘文昕
责任校对：李欣慰

港口供应链与物流管理理论

王文渊　著　郭子坚　校

*

中国建筑工业出版社出版、发行(北京海淀三里河路 9 号)
各地新华书店、建筑书店经销
北京红光制版公司制版
北京建筑工业印刷厂印刷

*

开本：787×1092 毫米　1/16　印张：10½　字数：251 千字
2018 年 4 月第一版　　2018 年 11 月第二次印刷
定价：**49.00** 元
ISBN 978-7-112-21558-4
　　　(31222)

前　　言

随着经济全球化和区域经济一体化的不断推进，供应链管理成为新时代经济发展的焦点，"21世纪的竞争不再是企业与企业的竞争，而是供应链与供应链之间的竞争"，这已经成为共识。随着供应链思想的兴起，港口作为全球供应链的重要节点，其功能和发展策略均受到不断发展的供应链管理理念的影响。联合国贸易与发展会议（UNCTAD）提出第四代港口以供应链为基础，强调港口之间的互动以及港口与相关物流活动之间的互动，满足运输市场对港口差异化服务的需求，促使与港口相关的供应链各环节之间无缝连接。与前三代港口不同，第四代港口已从强调港口本身为"中心"，转变为更强调是供应链中的一个环节；同时，与传统的制造型供应链不同，港口供应链属于服务型供应链结构，促使港口逐步向提供优质服务为目标的方向发展。目前，现代港口之间的竞争已趋于港口所在的供应链之间的竞争，并且这一转变将成为港口发展的新动力。

本书重点关注第四代港口的发展方向，融合传统港口业务与现代供应链管理于一体，在初步分析港口供应链的概念、构建的基础上，系统阐述了港口供应链的管理模式、协调与互动、竞合关系、运输网络优化、风险管理、绿色供应链、港口冷链物流等内容。引入现代供应链管理的理念，从供应链的角度，研究港口的功能和特征，为第四代港口的发展提供理论基础。

本书涵盖港口供应链的基础理论，同时包含该研究领域的前沿方向，可作为高等院校物流管理、物流工程、交通运输、港口管理，以及其他相关专业本科生、研究生的教材，或用于物流管理、物流咨询方面的培训，也可供港口相关企业管理人员参考。

本书的编写得到了大连理工大学宋向群教授、彭云老师、上海海事大学周勇老师，以及博士研究生张祺、马千里和徐星璐的很多帮助。本书还参考及借鉴了许多专家的研究成果，在此表示衷心的感谢。

著　者
2017年5月

目　录

第1章 港口供应链概述

随着经济全球化进程的加快，信息技术发展迅猛，产品的生命周期逐渐缩短，客户对产品和服务的期望越来越高，使得以生产和产品为中心的管理模式逐渐不再适应当下市场竞争的需要。基于这一新的市场环境，以顾客为中心的供应链管理理念逐步形成，企业之间的合作日益增强，使大量的产品和信息在更广阔的空间转移、存储和交换。

港口作为一个地区与外界物资和信息交换的主要载体，其功能经历了从单一的运输功能到运输、贸易、工业、商业等多功能并重，再到综合物流中心的发展过程。港口已不再是被动地提供服务的场所，已转变为综合运输体系网络中的核心节点，在国际贸易与国际经济合作中发挥着越来越重要的作用。港口供应链与物流管理也引起越来越多重视。

第1节 供应链系统的要素

一、供应链的基本组成

供应链是指生产及流通过程中，为了将产品或服务交付给最终用户，由上游与下游企业共同建立的网链状组织，包括产品生产和流通过程中所涉及的原材料供应商、生产商、分销商、零售商以及最终消费者等成员通过与上游、下游成员的连接组成的网络结构。它不仅是一条连接供应商到用户的物料链、信息链、资金链，更是一条增值链。节点企业、产品流、信息流、资金流、服务流、知识流是供应链的基本组成要素，如图1.1所示。

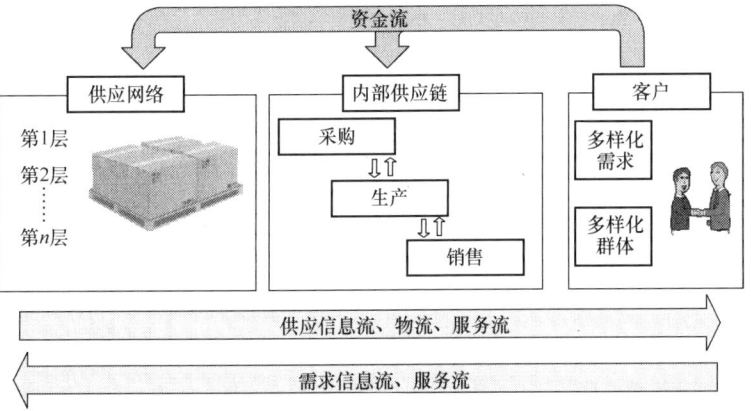

图 1.1 供应链的基本组成要素

企业是供应链中的一个节点，节点企业之间是一种需求与供应的关系。节点企业在需求信息的驱动下，以资金流、信息流、物流为媒介，实现整个供应链的增值。

产品流也称作物流，是指商品在空间和时间上的位移，包括采购配送、生产加工和仓储包装等流通环节中货物的流通情况。物流管理以满足顾客的需求和服务为目标，规避在货物流通中出现的各种形式的浪费，实现物流过程中的持续改进与不断创新。

在商品流通过程中，信息的流动过程称为信息流。信息流在供应链中有着极其重要的作用，它贯穿于商品交易过程的始终，记录整个商务活动的流程，是分析物流、导向资金流、进行经营决策的重要依据。只有在信息流的引导下，物流和资金流才是有效的，才能达到效率最优、成本最低。

在商品流通中，信用证、汇票、现金等，在各个交易方之间的流动，简称资金流。资金流是盘活一个供应链的关键。供应链中企业资金流的运作状况，直接受到其上游链和下游链的影响，上游链和下游链的资金运作效率、动态优化程度，直接关系到企业资金流通的运行质量。

服务流是指企业为了提升顾客的满意程度，所采行的服务系统设计与活动。所以，服务流泛指所有服务业对于其所提供的服务活动的规划、设计与执行的过程。服务流具有无形性、不可分割性、变动性、易逝性等特点。

知识在人们之间流动的过程或者是知识处理的机制被定义为知识流。知识流是一个解决问题、知识扩散、知识吸收和知识扫描的过程。

二、 供应链的分类

1. 根据其范围

依照其范围，分为内部供应链和外部供应链。内部供应链一般指企业内部的供应链，是产品在企业内部进行生产、加工以及流通过程（包括采购、加工和仓储等）中，建立在所有参与部门基础上的供需网络。与之相对应的外部供应链，包括了产品在企业外部进行生产和流通过程中，原材料供应、加工、制造以及零售在内的多个环节。内部供应链和外部供应链之间没有明确的边界划分，它们常常彼此交叉，相互作用。

2. 根据其稳定性

依据相对的稳定与否，供应链可以分为稳定的供应链和动态的供应链。供应链的稳定是相对的，并且基于单一市场需求。与之相对应，动态的供应链变化多样且频繁，市场需求较为复杂。

3. 根据企业地位

根据供应链中不同企业的现状，供应链分为盟主型供应链和非盟主型供应链。当某个或某几个节点企业在供应链中起主导作用时，称该供应链为盟主型供应链。盟主型供应链较非盟主型供应链，更能吸引和辐射供应链网络中的其他节点企业。这些地位突出，影响能力大的节点企业一般称为核心企业或龙头企业。非盟主型供应链则是对应于网络中重要性和影响性差距不大的各节点企业的供应链。

4. 根据容量和需求

按照不同的容量以及多样化的市场需求，又可将其分为平衡供应链以及倾斜供应链。当供应链能够满足不断变化的多样市场需求时，我们称供应链处于一个平衡的最佳状态。然而市场的需求瞬息万变，当需求变化加剧时，供应链网络中会出现诸如成本增加、库存变化、产品积压等等现象，供应链无法完全契合市场的需求，此时则成为倾斜供应链。

第 2 节 港口供应链的概念

一、供应链中的港口

供应链管理的核心思想随着科技的进步和全球化进程的加快而不断改变，现代全球化供应链管理的核心思想是：以现有的各种先进的物流管理技术为基础，充分利用科学技术，以及全球众多企业、生产基地、仓储及终端销售网点，组成全球化现代化的供应链，以实现供应链上各节点企业的错位发展、优势互补，从而降低供应链运作中，包括运输、运营、生产在内的各项成本，达到利润的最大化。在这种发展形势下，港口凭借其自身的特点，成为连结国际生产、贸易等物流活动的重要节点和综合物流中心，在国家和地区经济发展中发挥着日益重要的作用。

从实体运输角度来看，由于生产材料以及各类商品需要在港口进行装卸和集散，同时水陆空多式联运需要在港口进行衔接。因此，港口是供应链网络中十分关键的节点。随着世界经济一体化和跨国公司生产经营全球化，运输技术正在发生重大的变化，船舶大型化迎合了供应链现代物流的需要，降低了物流运作的成本，给港口及供应链发展带来了新的挑战。

从价值构成上来看，港口基础设施的价值或价格构成是其他一切产品，尤其是加工产业产品的重要组成部分。

未来的港口之间的竞争是港口所参与的供应链之间的竞争。港口要提升自己的竞争力，除了依靠优越的地理位置、高效的运营模式之外，更应该主动地参与到构筑港口供应链系统中，提高供应链整体效率，为客户带来增值服务。市场对产品生产的精细化、敏捷化和柔性化的要求正在成为对整个供应链的要求。港口所在的物流系统运作是否顺畅、是否高效将直接影响整个供应链。为顺应自身供应链的发展，供应链的节点企业必然会对港口提出一系列要求，如减少物流费用、缩短货物在途时间、对客户需求做出快速而准确的响应、创造更广泛的服务绩效、提供更多的服务种类等。

1. 港口在供应链中的特征

(1) 成为信息调度中心和综合服务平台

港口通过主动联合供应链上的重要节点企业以及其他运输方面的合作伙伴协同发展，构建一体化、无缝隙的港口供应链，深度参与一般供应链中港口相关的运作环节，成为策划和组织这一区段供应链的信息调度中心和综合服务平台。

(2) 港口网络化

港口网络化有利于港口间的协调与互动，也有利于供应链的一体化进程。

(3) 成为制造业供应链的分工合作的一部分

除传统的装卸、转运及仓储功能外，新一代港口还将继续发挥其优势，参与到产品制造的过程中来。

(4) 差异化

随着用户需求的多样化发展，港口未来将由专业化逐步向差异化转型，以更好地满足客户及市场提出的各种要求。但是，为了降低港口的运营成本，不可能完全剔除标准化和规模化的发展。

（5）精细化

港口生产的精细化反映了港口的作业质量，实施港口精细化，需要对港口作业流程进行改革。港口生产的精细化就是要通过流程优化、减少货物的在途时间、减少或者消除不增值活动消耗的成本，提高生产率，增加港口收益。

（6）敏捷化

港口的敏捷化反映了港口对城市的影响能力，它要求港口应该能够对供应链的各种需求做出敏捷的快速反应。敏捷化是第四代港口发展的高级阶段，它是在精细化的基础上逐步形成的港口运营模式。

2. 供应链环境下港口的发展趋势

（1）港城一体化

由于港口对于城市发展的辐射和带动作用，城市将逐渐形成以临港产业为主体的新的发展方向，城市将集中力量发展本区域的港口，港口也将为城市的综合物流及商贸发展提供巨大动力。港口作为城市发展的引擎，同时城市也是港口发展的强有力支撑，港城效益逐步融合、协调发展。

（2）港口呈现"网络化"和"基地化"

为了最大化区域经济，港口资源正进一步优化整合，区域港口的发展呈现"网络化"的趋势，形成了以国际航运中心的港口为主要节点、以地区性枢纽港和支线港为次要节点的港口网络。港口展现出信息化的管理技术，智能化的控制技术，高效的位移技术以及绿色化的环保技术这样的发展趋势，其功能定位从"多元化"向"基地化"方向上转变。在整个供应链或需求链中，港口不仅负责连接物资交汇，并且作为基地，负责全面综合的运筹和物流的生成与运动。也就是说，港口不仅被动提供服务，而且可以组织和策划服务。

（3）港口与内陆运输系统的一体化

在全球化供应链的时代背景下，港口正从传统的以海向腹地和中转为主，向广阔的陆向经济腹地转移，逐渐摆脱依靠别人来中转和喂给的制约。港口将主要着眼于降低内陆运输的物流成本，在港城协调发展的趋势下，实现与内陆经济腹地的一体化。港口与内陆运输系统的一体化进程中，港口必须超越自身，从全局的角度出发，制定有效的内陆运输策略，促进多式联运和运输集装箱化的发展，充分利用信息通信技术、物流管理技术，实现物流节点之间的空间布局和各项功能的优化整合以及重组。

（4）港口腹地的非连续化

港口的直接腹地距离港口较近，具有高度连续的特点，而由于供应链网络的不断发展以及港口网络化、基地化进程的加快，港口将形成以直接腹地为主体，通过运输走廊连接，距离较远的非连续性的"岛屿式"腹地。运输走廊是港口与内陆进行资源要素交换的主要通道，它是港口连接内陆流通系统的主要轴线。港口通过运输走廊而实现的腹地扩大化和离散化，对于缓和港口潜在的竞争和拥挤现象、实现区域化港口布局的优化整合、降低物流服务成本十分有用。

二、 港口供应链的基本概念

随着全球供应链体系的不断完善和发展，港口物流已经迈入了供应链管理时代。港口供应链正是供应链管理思想在港口物流领域的实践。港口以海、陆运输为纽带，与世界各地的生产商、经销商和需求方相连，从而形成了一条集成多种运输方式和物流形态的港口供应链。

港口供应链是指以港口企业为供应链核心平台，通过对客户流、信息流、物流、资金流的有效控制，将其上下游的生产商、供应商、服务商（包括装卸、加工、运输、仓储、报关、配送，甚至金融、商业服务等企业）和客户等各种节点及链段结合成一个有机整体，并在正确时间将货运配送到指定地点，实现整个供应链成本最低的功能性网络，如图1.2所示。与典型制造型供应链不同的是，港口供应链没有制造环节，它是以港口作为主导供应链的核心企业。

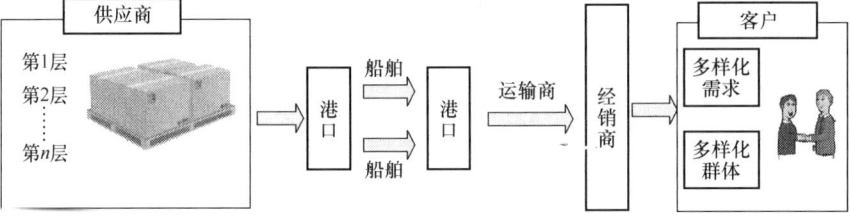

图1.2 港口供应链结构图

港口供应链承担着庞杂的信息交换和频繁的资金流通，主要业务除传统的运输、仓储、装卸搬运、配送等，逐步扩大到包装、流通加工、信息处理和金融服务等。

三、 港口供应链的特点

以港口为主导的港口供应链系统具有以下特点：

1. 强调港口是供应链的一个环节

在港口供应链中，港口从强调自己是一个物流中心转变为强调是供应链的一个环节，这种转变的本质之处在于，港口从静态、节点型的角色转变为动态、网络型的角色，在完善中心功能的基础上，强调物资和信息必须在此快速流过。

2. 协调性和整合性

港口物流服务供应链是一个相互依赖、相互促进的系统，它有货主、仓储运输企业、报检报关、船公司等多个参与者，供应链上的参与者都是为了共同的目标，他们协调运作、紧密合作。

3. 不确定性

同一般的供应链不同，港口供应链中的企业是在众多企业中筛选出的合作伙伴，合作关系是非固定的、动态调整的。港口供应链的上下游企业的合作关系，需要随目标的转变而转变，随服务方式的变化而变化，随时处在动态调整过程中，一旦供应链中的上下游的任何一方作业暂停或者终止，都会影响到整个供应链流程的继续，因而其不确定性较大。

4. 复杂性和虚拟性

在供应链的实际运作过程中，由于用户需求的多样性，港口供应链应提供高质量、多功能、差异化的服务。然而，由于整个供应链的各个节点和合作伙伴之间的管理、组织、技术差异的存在，供应链是不同步的，这就造成了供应链的复杂性。港口供应链的虚拟性则是由于港口供应链的上游和下游企业之间的连接，依赖于信息网络的支持和信任，并不是实际的物理连接。

5. 供应链的增值方式

区别于以制造和加工等过程创造价值的传统供应链，港口供应链并不生产制造新的产品，而是通过提供装卸和仓储等物流服务来创造收益。

6. 供应链成员组成

传统的供应链一般以制造性企业为中心，这种供应链一般由供应商、生产商、分销商以及消费者等组成。与之相对应的，港口供应链的主要组成则是供应商（货主）、船公司、港口企业、陆上运输公司、分销商等。

7. 供应链各成员目标

在传统供应链中，除客户外的其他组成部分的目标基本一致，即降低成本。然而，港口物流服务供应链中，各成员之间的目标冲突较大：船公司为了控制成本和提高利润，通常会采取措施使船舶在港停留时间最短；而港口企业为了方便港口资源的优化调配，必然希望船舶在港停留时间增加，以便更好地安排港区机械和人力进行调运；货主则希望确保整个搬运、装卸、仓储和运输过程快速、安全和低成本。

8. 供应链的合作核心

港口供应链是一种以能力合作为核心的服务型供应链。港口供应链上各节点成员将各自的核心、优势能力有机结合在一起，使港口供应链获得可持续竞争的优势，同时更好地服务于下游客户。

9. 供应链的原动力

在以制造型企业为中心的供应链中，企业从降低成本和增强自身核心竞争力出发，更趋向于加强整个供应链的整合。而在港口供应链中，船公司和码头以提高自身市场竞争力和经济效益为目标，对港口及其上下游资源进行的优化和整合，是港口供应链构建和发展的原动力。

第3节　港口供应链的构成

与传统供应链相同，港口供应链也是由节点企业、产品流、信息流、资金流、服务流、知识流作为基本要素组成。港口供应链中的节点企业，主要包括船公司、港口方、物流公司、上游制造商和供货商以及下游的需求方。

港口作为港口供应链中最为重要的节点之一，不仅仅是产品的装卸和集散地，更是其他节点企业间的重要连接点，以及供应链中资金流和信息流的主要媒介。除了传统的装卸、转运功能外，港口还能够提供包括包装、保税仓储在内的一系列增值服务，其运作成本是港口供应链价值的重要构成部分。

船公司是港口供应链中必不可少的一部分。随着港航一体化的发展，船公司不仅能为港口供应链提供满足其运输需求的船舶，还能通过投资和开发码头，参与到港口的日常经营中。船公司的运营效率，直接影响供应链中产品运输和信息交换的效率；船舶的运输成本也是产品价值的重要组成部分。

港口供应链中的第三方物流公司，通过与港口的对接，实现了水陆空物流运输方式的转换，从而扩大港口供应链网络的辐射范围，帮助港口供应链满足客户日益精细、高标准的需求。

港口供应链中的信息流、资金流具有明显的聚合性。需求、生产以及运输信息在港口等重要节点聚合，从而影响供应链的决策行为。港口也将作为主要融资平台，参与到供应链的资金流动中。

与传统制造型供应链相比，港口供应链的构成有以下区别：

（1）核心节点企业改变

传统制造业供应链的中心是制造型企业，港口供应链则一般以船公司、港口企业为中心。核心企业的不同，意味着港口供应链与传统供应链的目标存在较大差别。

（2）物流方式更加多样化

传统制造型供应链的产品运输方式可能较为单一，而港口供应链中由于港口是多式联运的衔接点，产品流经港口必将发生运输方式的改变，这将使得供应链具有更加广阔的辐射范围。

（3）信息流调控功能明显增强

传统制造型供应链的信息流一般为链状双向（即客户方反馈信息和制造方的生成信息）。港口供应链中，港口和船公司将作为信息流的集散点，对接收到的上下游信息进行分析和处理，调控整个供应链的运作。这一辐射状的双向信息流，大大增强了信息流对供应链的调控作用。

（4）港口将作为投、融资新平台

传统制造型供应链中，金融机构是资金流体系的主要构建者和导向者，制造企业是主要的投、融资平台。港口供应链中，将以港口企业为综合平台，构建供应链的投、融资体系。产品流、信息流和服务流在港口的高度重合，将为构建融资体系提供更有利的条件。

第 2 章　港口供应链的构建

随着全球经济的发展和区域经济合作的加强，我国越来越多地参与到世界经济之中，原料、半成品、产成品、设备、配件等各种海内外货物的流通量也逐年增加，各行各业对于物流服务水平的要求也越来越高。港口作为水陆交通的集结点和枢纽、工农业产品和外贸进出口产品的集散地，其角色也由传统的海陆运输中心向综合性物流中心转变。现代港口已经是商品流、资金流、技术流、信息流和人才汇聚的中心。由于港口在货物、信息、资金流通中的重要作用，港口已经不再是被动地提供服务的场所，而是一个货物流通过程的组织者和策划者。港口所拥有的得天独厚的地理优势以及全面的货物流通和信息集成能力，意味着在供应链系统中，港口不再只作为一个重要的节点，而应围绕港口企业自身，与上下游企业形成紧密合作的关系，通过与内地物流服务提供商以及船公司的合作及联盟，构建以港口自身为核心，适合港口企业发展的高效的供应链。从而降低港口的物流成本，提高服务水平，满足客户需求，增强港口企业的竞争力，增加以港口为核心的整条供应链上各个企业的效益，达到供应链整体利益的最大化。

第 1 节　供应链构建的基本理论

供应链的构建就是要建立一个以重要企业为核心、联盟上下游企业的协调系统，它既包括物流系统，还包括信息系统和管理系统，以及价值流和相应的服务体系的建设，总的来说可以分为供应链在物理上和组织管理上两个方面的构建内容。供应链的构建实际上是一种自发的市场行为，是企业为了增强自身的核心竞争力而与其贸易伙伴组成战略合作联盟的关系，它是以资本利益为纽带联结而成，考虑供应链上各成员的实际情况以及外部环境的变化，具有一定的灵活性与动态性。

一、　供应链构建的内容

供应链构建的内容包括供应链成员的选择、供应链网络结构的设计以及供应链基本运行规则的设计。

1. 供应链成员的选择

一个供应链系统是由多个互相作为合作伙伴的企业组成的，这些企业就是供应链的成员，包括上、下游所有为了满足客户需求，从原产地到消费地的所有企业或组织。供应链成员是架构起整个供应链的节点，因而供应链成员及合作伙伴的选择是供应链管理的重点。

2. 供应链网络结构设计

供应链的网络结构是以核心企业为中心，连接供应链上其他供应链成员的组织框架，主要由供应链成员、网络结构变量和供应链间供需的连接方式三个方面组成。为了使复杂的网络更易于合理分配资源，解决企业供应链信息孤岛问题，有必要从整体出发进行网络结构的设计。

3. 供应链运行的基本规则

信任是供应链网络中各节点企业之间合作和交流的基础，信任关系的建立，除了企业自身在运作过程中所秉承的真诚的企业精神外，还需要供应链在运行过程中坚持一套基本规则，来约束合作企业的行为，保护合作者的利益，为及时解决运行过程中的各项纠纷提供保障。供应链运行的基本规则主要有：纠纷解决机制、生产计划的制定和控制、库存计划及总体布局、协调机制以及信息交换方式等。

二、 供应链构建的原则

构建供应链的过程中，为了体现供应链管理的思想，优化供应链的绩效，应遵循一系列的基本原则，可以分为宏观和微观两个层面。

1. 宏观层面

（1）战略性原则

供应链管理是一种战略管理思想，供应链的构建对企业的影响是长期的、全面的、深远的，因此在供应链的构建中应该有战略性观点，通过战略的观点减少不确定性的影响。战略性原则即在构建供应链时应该从供应链发展的长远性和预见性的角度，使供应链的系统结构与企业的战略相一致，在企业的战略指导下进行。

（2）动态性原则

供应链管理思想的产生是由于市场的不确定性。市场的不确定性导致了需求信息的不断变化，因而动态性也成了供应链系统的基本特征。动态性原则的要求就是在供应链的构建中应考虑各种不确定因素对供应链运作的影响，使构建的供应链能够最大限度地减少信息传递过程中的信息延迟和信息失真，增加透明度，减少不必要的中间环节，从而保持整条供应链的动态性，使供应链能够适应市场的不断变化。

（3）简洁性原则

为了使供应链实现灵敏、快速应对市场变化的能力，供应链中的所有节点都应该是简洁且充满活力的，都能促进在业务流程的快速整合。

（4）自顶向下、自底向上相结合的原则

供应链构建时可以从全局出发，走向局部，即自顶向下；也可以以局部为落脚点，纵观全局，即自底向上。自顶向下是系统分解的过程，而自底向上是一种集成过程，在构建供应链时，通常由于先要经过战略和决策层的定位和规划，才能由具体的基层部门根据实际市场需求和自身情况进行供应链设计。因此，实际构建时往往遵循的是双向结合的设计原则。

（5）集优原则

为了使供应链整体竞争力增强，在选择供应链的各个节点时，应遵循强强联合的原则，使供应链上的每个节点，都集中力量发展各自的核心业务，使它们独立于供应链之外时，仍像一个单独的制造单元。这些节点应该能够在日常业务流程中进行自我组织、自我优化，充满活力地根据供应链和市场需求进行动态运作，面对需求变化时，能够快速实现业务重组。

(6) 协调性原则

供应链成员之间合作伙伴关系的好坏直接影响整条供应链的绩效。供应链管理的关键之一就在于加深供应链各节点企业之间的连接和合作。在供应链的构建中，建立成员间的战略合作伙伴的合作企业模式是使供应链的效益最大化的保证。

(7) 创新性原则

面对瞬息万变的市场环境，创新是供应链持续发展的重要源动力。只有跳脱出固有的思维局限，从市场需求出发，和供应链、企业的总体目标保持一致，站在全新的角度，对供应链全局进行审视，对原有的管理模式和体系进行改进。创新设计要求充分运用节点的能力和优势，加强节点间的协同工作，发挥供应链整体优势，建立符合市场需求的供应链网络，以及科学的项目评价、组织管理系统，对供应链进行技术经济分析以及可行性的论证。

2. 微观层面

(1) 总成本最低原则

成本管理是供应链管理的重要内容。单从节点企业考虑，供应链上的上下游企业之间的利益是相互冲突的，即供应链管理中存在的成本悖反问题。因此，应平衡供应链上的各项成本，使供应链达到整体成本最低，从而提高供应链的绩效。

(2) 多样化原则

多样化原则就是将不同的产品提交给不同的客户，以满足不同客户的多样性需求。准确地将客户所要求的货物准时运送到约定的地点，实现物流服务一体化（即科学调运、零库存、小批量、多品种）。这就意味着企业要在同一产品系列内采用多种分拨战略，在考虑客户需求、产品特征、销售水平等因素的情况下，在库存管理中区分出销售速度不一的产品，将销售最快的产品放在位于最前列的基层仓库，依次摆放产品。

(3) 推迟原则

推迟原则就是在收到客户订单后，再进行商品的运输和最终产品加工。这一原则可以有效避免企业仅根据预测，在没有确切市场需求的情况下运输产品所产生的时间推迟，以及预测产品与最终需求产品形式不同而产生的形式推迟。

(4) 合并原则

在运输过程中，大批量规模化的运输具有明显的经济效益，能显著降低产品的运输和制造成本。但是需要考虑到由于合并耗时所导致的运输时间延长，从而可能造成的客户（用户）服务水平下降，在成本和服务水平之间寻求平衡。通常当运量较小时，合并的概念对制定战略最有用。

(5) 标准化原则

标准化的提出同时解决了满足市场多样化产品需求与降低供应链成本的问题。如生产中的标准化可以通过可替换的零部件、模块化的产品和给同样的产品贴加不同的品牌标签而实现。这样可以有效地控制供应链渠道中必须处理的零部件、供给品和原材料的种类。

三、 供应链构建的影响因素

企业在构建供应链时，必须综合考虑多方面的因素，包括企业战略因素、技术因素、经济因素、政治因素等，下面将分别介绍这些供应链构建的影响因素。

1. 经济因素

　　经济因素指企业经营过程中所面临的各种经济条件、经济特征、经济联系等客观因素。影响企业供应链构建的经济因素包括经济结构、经济发展水平、税收、关税、汇率等，这些经济因素对供应链网络构建的效果影响很大。因此，企业在构建供应链时必须考虑这些因素。下面具体介绍一下经济因素中的关税、税收、汇率、市场需求变化几个方面。

（1）关税

　　关税对供应链构建时的决策有很大的影响。如果一个国家关税高，企业要么放弃这个国家的市场，要么在该国建立生产工厂以规避关税。高关税导致整条供应链的布局分布在更多的国家和地区，从而配置在每个地方的工程规模及其生产能力都比较小。随着世界贸易组织的成立和地区性协议的签订，如今各国的关税已经大大降低，企业现在可以通过建立在一国之外的厂家向该国提供产品而无须支付高额的关税。因此，供应链上的企业开始集中布局其生产和配送基地。对供应链系统来说，关税的降低能够使之减少布局的范围，从而加强每一个环节的生产能力。

（2）税收减让

　　税收减让是指国家或城市的关税或税收的削减，以鼓励企业布局某一特定区域。许多国家不同地区之间的税收减让政策不一样，以鼓励企业在该国经济水平较为落后的地区投资。因而，地区的税收减让政策往往也是供应链布局规划时的最终决定因素。

（3）汇率

　　汇率的波动对全球性的供应链利润有显著的影响。例如，一家企业在美国销售其在日本生产的产品，就面临着日元升值的风险。在这种情况下，生产的成本用日元衡量，而产品的收益却需要用美元衡量，因此日元的升值意味着生产成本的增加和产品利润的降低。企业运营过程中可以运用金融工具来化解汇率风险，因为金融工具可以有效地限制汇率波动所造成的损失。但在构建供应链时更重要的是利用汇率的波动来增加利润，在当前汇率下成本较低的基地生产更多的商品，从而增加整条供应链的利润。

（4）市场需求

　　经济波动将导致市场需求的波动，这对供应链的利润也将产生影响。例如，1996～1998年亚洲经济增速放缓时期，如果在亚洲拥有生产基地的企业在供应链网络中毫无灵活性，那么其在亚洲地区的部分生产能力就会闲置，而生产基地中具有较大灵活性的企业却能利用这部分生产能力来满足其他地区的高需求。因此，在构建供应链时应加强其灵活性，以应对不同地区和国家的经济波动。

2. 政治与法律因素

　　企业的经营活动要受到各种政治因素和法律法规的影响。因此，在构建供应链时，企业更倾向于在政局稳定，经济贸易法律法规完善的国家进行布局。但是政治因素很难量化，在供应链构建时只能对其进行主观的评价。

3. 社会文化环境因素

　　社会文化环境因素由每一个国家和地区都有自己传统的思想意识、风俗习惯、思维方式、宗教信仰、艺术创造、价值观等方面构成，这些因素将影响到当地人们的生活方式和消费理念。和其他因素相比较，社会文化因素对于供应链的影响比较不显而易见，但事实上却又是无处不在的。在供应链构建时，尤其是对于跨国、跨文化群体的供应链，企业必须全面了解、认真分析供应链上各个节点所处的社会文化环境，防止由于社会文化差异较大而导致的供应链失败。

4. 自然环境因素

自然环境包括自然资源、地理环境和气候环境。自然环境处于不断的发展变化之中，当前自然环境变化呈现出自然资源日益短缺，能源成本趋于提高，环境污染日趋严重的趋势，各地政府对于自然资源的管理和干预也不断加强，相应的自然环境和自然资源管理政策和法规将对供应链产生影响。同时自然资源的丰富与否对于生产设施的布局有一定的影响，地理环境的好坏也会对整条供应链的运行产生影响。

5. 基础设施

基础设施因素主要包括：场地的供给、劳动力的供给、靠近交通运输枢纽、铁路服务、靠近机场和码头、高速公路入口、交通密集和地方性公用事业等。良好的基础设施是构建供应链选择布局区域时要考虑的一个重要因素。良好的基础设施能够使该区域上的供应链节点进行商务活动的成本降低。例如，许多全球化的大企业更愿意选择中国的上海、天津、广州附近来布局生产设施，尽管这些地区的劳动成本相对较高，但这里的基础设施较为完善。

6. 企业战略因素

一个企业的竞争战略对供应链的构建有着重要的影响。强调生产成本的企业选择在成本较低的地点布置生产设施，使其生产工厂远离其市场所在地区。强调反应能力的企业选择在其市场所在地区附近布置生产设施，使企业能够对市场需求的变化作出迅速的反应，即使这样可能会增加生产的成本。

7. 技术因素

企业产品的技术特征对供应链的构建也有显著的影响。当生产技术能够带来显著的规模经济效益时，布局数量少但规模大的设施是最有效的。同时，生产技术的灵活性也影响到供应链网络进行联合生产的集中程度。如果生产技术很稳定，而且不同国家对产品的要求不同，就必然会在每一个国家建立地方性基地为该国的市场服务；相反，如果生产技术富有灵活性，在较少的几个大基地进行集中生产，则更简单易行。

8. 竞争性因素

在构建供应链时，除了考虑企业自身的战略之外，还必须考虑到竞争对手的战略、规模和布局。企业的一项基本决策是其布局邻近还是远离竞争对手。决定这一决策的因素包括：企业如何进行竞争，以及诸如原材料和劳动力等外部因素是否迫使其相互靠近等。我们分别考虑邻近竞争对手和远离竞争对手的适用情况。

（1）邻近竞争对手布局

首先要提到企业间的积极外部性，积极外部性是指许多企业邻近布局使它们受益。例如，汽油店和零售店倾向于靠近布局，因为这样做增加了总需求，使双方都受益。通过一条商业街上集中布局相互竞争的零售店，方便了顾客，使他们只需要到一个地方就可以买到他们所需要的所有东西，这不仅增加了这条商业街顾客到访的人数，也增加了所有布局在那里的商店的总需求。

另外在一个待发展地区，一个竞争者的出现使合适的基础设施得到发展。比如，在印度，铃木公司是第一家在此设立生产基地的汽车厂商，这家公司付出很大的努力才建立了地方性供应网络。考虑到铃木公司在印度的良好供应基础，其竞争对手在那里也建立了装配厂，便可利用铃木公司所建立的供应基础。

（2）远离竞争对手布局

在上述的积极外部性不存在时，企业也可以集中布局，以获取最大可能的市场份额。以下面的一个简单模型为例，当企业在价格上不存在竞争时，而只在与客户距离远近上存在差别，它们就能通过相互接近的布局获取最大的市场份额。

如果企业在价格上存在竞争，而且承担向客户送货的成本，那么最优的布局可能是二者尽可能离得远，相互远离的布局模式减少了价格竞争，有助于企业瓜分市场，实现市场的错位发展，并实现利润最大化。

9. 对顾客需求的反应时间

构建供应链时，企业必须考虑客户要求的反应时间。企业的目标客户若能容忍较长的反应时间，那么企业就需要集中力量扩大每一个设施的生产能力，减少生产设施的数量；相反，如果客户群要求较短的反应时间，那么它就必须布局在离客户较近的地方，企业的生产设施也随之增加，各个生产设施的生产能力也相应地减小了。

10. 物流和设施成本

当供应链中的设施数量、设施布局和生产能力配置改变时，就会发生物流和设施成本。因此，在构建供应链时，企业必须考虑库存、运输和设施成本。

（1）库存成本

供应链中的设施数量与供应链的库存成本是正相关的，当供应链设施数目增加时，库存及其由此产生的库存成本就会增加。因此，为了减少库存成本，企业会尽量合并设施以减少设施数量。

（2）运输成本

运输成本可以分为进货运输成本与送货运输成本。进货运输成本是指向设施运送原料时发生的成本。送货运输成本是指从设施运出货物时发生的成本。每单位送货成本一般会高出每单位进货成本，这是由于进货量一般比较大，且成规模化。以某公司的仓库为例，在进货时，仓库收到整车装运的产品，但送货时却会向不同的顾客寄出一个小包裹，包裹内只有客户所需求的个别产品。因此，增加仓库数量使得仓库更接近顾客，就能减少送货的运输距离。因此，增加设施数量能在一定程度上减少运输费用，但这个措施所能减少的费用是有限的，如果设施数量增加到一定数目，使批量进货规模很小时，设施数量的增加也会使运输费用增多。因此，应该合理地布置设施的数量和位置以将运输费用降到最低。对于原材料加工企业，随着加工的深化，原材料的重量和体积显著减小，那么在靠近原材料供应商处布局生产点将比靠近消费者布局好。

（3）设施成本

任何企业在设施内消耗的成本分为两类：固定成本和可变成本。建设成本和租赁成本是固定成本，因为短期内它们并不随着通过设施的货流量的改变而改变。与生产或仓库运营相关的成本随加工或存储数量的变化而变化，因而被看作是可变成本。设施成本随着设施数量的减少而减少。

物流总成本即供应链中库存成本、运输成本和设施成本的总和。

第2节 港口供应链的功能和模式

一、港口供应链的功能

港口供应链的指导思想的集成化、协同化，依靠科技信息手段，通过搭建起各节点间的战略合作伙伴关系，从而保证供应链网络中，从源头到销售终点的信息流、物流、服务流的顺畅流动。

1. 运输功能

主要为海上运输和陆上运输。运输是使原材料、产品等物资发生场所和空间移动的物流活动，运输功能是供应链网络中所必需的物流功能。

2. 储运功能

除港口内的储运外，港口供应链的储运功能也包括在其他仓储商的储运活动。储运功能对于整个供应链来说，既有缓冲与调节的作用，也有创值与增效的作用，对于弹性应对市场需求的变化十分有必要。

3. 装卸搬运功能

装卸搬运能起到有效衔接各个供应链节点的作用，同时在港区内也能实现货物的进出港作业。

4. 信息处理

信息流的畅通是供应链正常运作的保证，港口供应链的信息处理能力越强，整个供应链的运作效率就越高。

除了上述港口供应链所应为客户提供的基础的物流服务功能之外，港口供应链还应该能根据客户需求，为其提供高附加值的增值服务，以便在激烈的市场竞争中建立自身优势。增值服务主要包括国际配送、国际转口贸易、国际加工等。

（1）国际配送

国际配送指的是通过加强供应链网络中物流网络的建设，扩展港区与腹地的运输能力，实现整个物流网络体系的延伸。

（2）国际转口贸易

国际转口贸易服务是在全球经济、贸易一体化的进程下迅速发展起来的服务功能，又称为中转贸易，贸易交流和进出口不在生产国和消费国之间直接进行，而是借由中转国的保税和仓储功能实现。

（3）国际加工

港口供应链的国际加工功能包括出口加工和进口加工。供应链应加强与加工企业的合作，从而实现高效率、低成本的规模加工效益。

二、港口供应链的模式

港口物流供应链的模式是一种集成管理思想和方法，它以整个供应链中某一物流服务提供企业为核心，集成其上下游物流服务提供商的优势资源，在整合物流能力的基础上满足客户的物流服务需求。通过合作降低风险，排除浪费和重复，提高物流服务的效率。

根据供应链核心企业的不同，可将港口供应链分为以下 3 种模式：

1. 以港口为中心的港口供应链模式

港口由于其得天独厚的地理位置和强大的物流服务、信息集成能力，在整个供应链上具有绝对的集成优势。以港口为核心，集成供应链上其他企业的物流能力，可以实现供应链较好的运作，提高供应链的竞争力。其模式如图 2.1 所示。

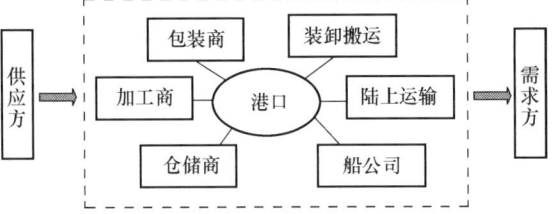

图 2.1　以港口为中心的港口供应链模式

在以港口为中心的港口供应链模式中，港口通过集成其他物流服务提供商的物流能力，实现货物从供应方到需求方的一条龙、门到门式的服务。其他物流服务提供商围绕港口进行物流服务，相互协调合作，实现无缝连接。

2. 以船公司为中心的港口供应链模式

随着合作的不断加深，船公司通过独资或合资的形式，投资开发或收购码头并且控制了码头的经营权，在最大限度地提高自身利益的同时，进一步促进了港航一体化进程。此情况下，港口供应链中船公司处于相当重要的地位，整个港口供应链将形成以船公司为中心的发展模式。其模式如图 2.2 所示。

港口通过将码头的经营权部分或全部转让给船公司，使得船公司能够拥有自营船队优先泊位和码头设施优先使用的权利，同时由船公司经营码头的物流活动，形成了以船公司为中心的供应链模式。

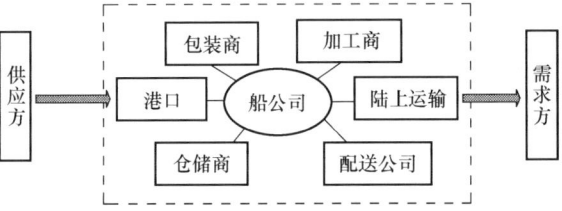

图 2.2　以船公司为中心的港口供应链模式

3. 以第三方物流企业为中心的港口供应链模式

第三方物流（3rd Party Logistics，简称 3PL）的发展使得专业第三方物流企业具有提供运输、仓储、流通加工、配送、包装等综合物流服务的能力。港口企业通过与第三方物流企业的合作实现对单个物流服务功能的采购，从而构建一体化的港口物流服务供应链。其模式如图 2.3 所示。

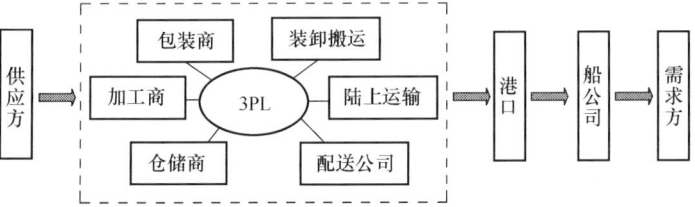

图 2.3　以第三方物流为中心的港口供应链模式

在这个模式中，专业的第三方物流企业提供各种物流服务，并且在满足港口和客户需求的情况下实现物流服务的高效率、高收益、低成本。

第3节 港口供应链构建原则和目标

一、 港口供应链构建原则

港口供应链在构建时应当遵循以下 6 条原则，以实现供应链思想的实施和贯彻，保证港口供应链的绩效。

1. 核心企业设计原则

与传统供应链以制造业为中心不同，港口供应链是以核心企业为中心。核心企业是整个供应链的关键节点，对于供应链上下游其他节点企业具有很强的辐射作用，是供应链活动的主要领导者。

2. 战略性原则

以核心企业为中心的港口供应链，在构建时，需要考虑核心企业的战略规划及目标，在此基础上，确定整个供应链的长期的，可持续性的发展战略，从而确保供应链与核心企业的目标和战略的一致性。

3. 稳定性原则

由于港口供应链上不同的节点企业都有不同的经营方式和理念，必然造成物流和生产服务的差异性，这将会造成港口供应链中的不确定性，因此，为了保证港口供应链的稳定性，在构建港口供应链时，应该减少不必要的中间环节，选择相对稳定的节点成员。

4. 协调性原则

港口供应链中各个节点成员间信息流的畅通、服务能力和组织结构的有效衔接是港口供应链良好、高效运作的基础。因此，港口供应链构建的原则之一是能够协同发展供应链中各个节点成员，以便提高整个供应链的运作效率与绩效水平。

5. 互补性原则

在选择港口供应链中各节点时，应遵循互补性的原则，使得每个节点企业既能够不断发展各自的核心特色业务，又能在合作过程中发挥最大效用，达到节点间的资源、能力的互补，从而构筑一个完整的、强有力的服务网络。

6. 标准化原则

港口供应链应能够提供具有标准化的、统一的服务。为了实现这一标准化，供应链中的各节点企业应该根据现状情况，不断调整和提高自身的服务水准，从而实现整个物流服务供应链服务品质的不断提高。

二、 港口供应链构建目标

1. 高效精简

高效精简是港口供应链构建的重要目标。为使港口供应链能灵活快速的响应市场，减少反应时间和运输等待时间，港口供应链中每个节点都应该是精简且具有活力的，以精简的供应链结构提高供应链管理的绩效。

2. 反应敏捷

进入 21 世纪，港口物流的市场环境发生巨大变化，尤其是信息技术的不断进步和经济全球化的发展，以及影响港口生存发展的共性问题，如竞争环境、客户需求等因素变化迅速，使得反应敏捷成为供应链构建的目标之一。在新的市场环境下，必须增强港口供应链对于不断变化的客户需求的适应能力，以动态联盟的快速重构为基本着眼点，以网络技术为依托，实现供应链企业间的合作和优势互补，注重速度和质量，实现利益各方的"共赢"。为保证港口供应链的敏捷性，需要注意以下问题：

（1）信息系统的快速重构问题

信息系统是供应链中各节点信息流通的载体，信息系统快速重构的实现，是保障在不断变化市场环境下各联盟企业之间信息通畅交流的保证，也是港口供应链管理要重点解决的问题。

（2）合作关系决策问题

港口供应链的敏捷性要求企业间的合作关系围绕港口企业构建，但由于节点企业分布广泛以及角色多样等特点，可能会影响到合作关系的建立。

（3）港口供应链企业间的协调机制问题

供应链强调港口的企业间合作与协调机制。从理论上说，当港口供应链中各节点成员，以供应链子系统身份存在时，从港口供应链的全局出发，提高全局生产和经营活动的总体效率的规划，港口供应链才能达到全局最佳。在实际情况中，节点企业往往仅站在自身的利益的角度，很难实现全局的优化。因此，如何制定某种协调机制来解决这一问题，是实现港口敏捷性所首要关心的。

（4）风险管理问题

供应链节点企业之间的信息不对称问题可能影响到港口供应链的正常运作。由于供应链中市场竞争增加和客户需求的动态变化，使供应链中的潜在风险增加，对其正常运行构成威胁。因此，风险管理是港口供应链管理中不可避免的问题。

（5）利益分配机制问题

供应链成员利益相关的因素是复杂的，所以为了保持港口供应链运作的稳定性，有必要建立合理的利益分配机制，利益分配在港口供应链中往往是最突出的问题。

3. 结构柔性

为了适应现代市场的需求，提出了柔性的港口供应链组织结构，其结构简单，反应灵敏，能很好地适应现状下生产组织的需要。供应链中的柔性组织结构有以下两个特点：①模块化组织结构。柔性组织结构是根据功能划分的模块化组织结构，组织结构之间通过一个标准化的接口，可以很容易地与其他模块化结构进行整合。②组织结构具有动态组织的特点。既允许各部门具有一定的自主权，又允许各部门之间的协作；同时，允许信息和任务流与不同级别之间的分布。这样的动态组织，不仅可以很容易地增加新的组织单位，而且组织内的组织单位可以被其他组织单位所取代，或者删除，他们在组织结构上的权利和责任可以能够很容易地进行修改。

4. 智能化

智能化是港口供应链建设的基本要求。通过智能供应链，合作伙伴可以保持供应和需求之间的紧密联系，从而提高港口供应链的整体效率。智能化供应链，将基于信息共享，最大限度地提高客户满意度，最大限度地发挥潜在价值、开发出最佳的产品。

总的来说，港口供应链构建的目标就是构建灵活、高效、反应敏捷的供应链系统，减少和降低供应链环节中的不确定性和风险，加强供应链上各成员之间的协作，平衡供应链上各方利益，以供应链全局利益最大化为出发点，促进和改善货物在港、服务周期、船舶作业等服务性能，最终提高顾客服务水平和满意度，创造和提升港口的核心竞争力。

第4节 港口供应链构建策略和流程

一、 港口供应链构建策略

为了使港口供应链达到整体最优化，港口作为供应链中非常重要的一环，构建港口供应链时需要根据港口内部情况和外部环境采取相应的供应链构建策略。下面分别从这两方面进行介绍。

1. 面向港口外部的供应链构建策略

面向港口外部的供应链构建策略要充分重视港口物流发展过程中的横向联系和纵向联系，既要从港口企业在供应链中的上下游合作伙伴着手，又要考虑同一港口供应链或平行港口供应链中与自身扮演着相同角色的其他港口企业。从这两个角度考虑，港口企业面向外部的供应链构建策略可以分为纵向战略联盟和横向战略联盟两个方面。

(1) 纵向战略联盟

纵向战略联盟主要是实现与供应链上游和下游企业的合作，实施纵向一体化。其本质是供应链中的港口企业，为了共同利益的合作协议，或战略合作关系，在供应链管理的指导下，通过发挥港口的关键节点作用，将物流配送、库存及订单管理等信息进行集成，通过网络传输，及时和有效地实现产品从供应商到制造商和零售商的所有环节，从而提高供应链各节点的快速应对市场变化的能力，增强整个港口供应链的竞争力。

港口供应链上的纵向战略联盟的构建的途径主要有：

① 加强港口与铁路、公路、航运等企业的运输合作

供应链的优化应实现各种运输方式之间的有效连接，与铁路、公路、航空等运输部门的合作，建立完善的港口集疏运体系，对于提高货物在港的周转速度、减少停留时间。

从环保方面考虑，铁路运输较之公路运输能耗更低，对环境所造成的污染更小。当需要长途运输时，铁路比公路具有明显的价格优势。因此，在港口周围布局完善的铁路轨道网络，提高铁路运输在多式联运中的比重，对于发展快捷、安全、环保的海铁联运十分有必要，可以降低整个供应链的成本。

② 加强与货主、用户单位的合作

供应链上各成员通过信息共享，可以协调彼此，共同面对困难，减小业务的风险，降低重大事故发生率，提高货物运输的及时性，有效保障货物准确、安全地到达。这样不仅提高了客户满意度，充分利用现有运力，并且最终降低整个链条的成本，使各节点获得"双赢"。

港口作为供应链的一个组成部分，应与上游和下游企业之间的相互渗透，交叉参与活动。这种相互渗透的目的是为了更好地互动，以消除它们之间的不匹配，使物流服务链更顺畅，从而更好地探索增值服务和处理服务的类型。

③ 与业务外包方构建伙伴关系

作为供应链核心的港口企业，在供应链中，将逐步摆脱传统生产的处理操作，走内涵扩张的道路。港口企业可以考虑在建设供应链时，逐步把一些传统的、重要的，但不是核心业务职能外包给其他的专门的企业，使港口可以更多地关注、培育自己的核心竞争力。外包不仅能充分利用外部资源，快速响应市场需求，还能提高港口对市场的灵活度，加快业务流程重组，合理配置人力资源，从而提高港口群的生产和管理效率。

④ 港航合资

港口企业要建立港口供应链时，要考虑和大型班轮公司建立战略伙伴关系，相互协商航线的开通、船期等事宜。实践表明，港口企业和供应链合作伙伴关系可以最大限度地利用现有资源、提高泊位的效率、装卸设备的运作效率、减少船舶和货物的停留时间、提高整个供应链的工作效率。

(2) 横向战略联盟

同一个地区内的港口存在激烈的竞争。区域港口的建设使得港口泊位数量的增加，促进了港口经济的发展，但大量的港口存在吞吐能力不足、结构性矛盾突出等问题。港口的无序竞争和缺乏整体规划的布局，将导致港口管理和经营成本上升，使得区域港口群很难形成规模效应，制约了区域经济的发展。

经济全球化趋势下，港口之间的竞争日趋激烈，如果仅凭自身力量参与到全球化供应链的市场竞争中，会使得港口本身承担较大的风险，削弱港口竞争能力。为了响应航运业的重大变化，除了在供应链上游和下游的航运公司协同发展外，平行供应链上的港口之间也不应再采取完全竞争或对立的战略，而应通过资源整合，形成横向战略联盟，建立共同利益，实现风险共享、利益共享，克服政府规制的贸易或投资壁垒，从而形成"双赢"模式。

具体到实施层面，港口之间的合作应形成港口群，发挥群作用，促进区域港口之间的竞合。通过共享航线、技术支持等手段，实现资源的优势互补、合理利用，从而解决发展空间不足、单一港口资金投入有限等问题，使港口整体优势明显提升，促进港口供应链上临港工业的发展。

港口是最大的沿海地区优势资源，促进区域港口一体化不仅有利于打造港口自身的形象和提高港口的地位，而且能有力地促进对区域经济和城市的蓬勃发展。同时，通过整合港口资源，打造现代化的大型组合港，整合区域内陆路交通资源，促进陆上运输和海上运输之间的互动，有助于打造完善的多式联运系统，提高供应链网络的整体竞争力和抵御风险能力。

2. 面向港口企业内部的供应链构建策略

除上述着眼于港口企业外部的构建策略外，还有面向港口企业内部的供应链构建策略。从港口企业内部着手，主要手段有：优化内部库存资源，整合资源配置，简洁口岸通关流程，实现信息化管理，建立高效可靠的口岸监管系统，拓展增值服务等。面向港口企业内部的构建策略的目标是提高港口的灵活性，进而降低运作成本，提高港口的运行效率；同时，提高服务水平，从而提高港口企业供应链的核心竞争力。

(1) 港口的信息化、网络化、智能化

供应链的良好连接主要依靠供应链成员畅通和及时的信息传递。港口信息化、智能化的网络，可以保证整个港口供应链上信息的及时交换，因此，应该充分利用现有信息化技术［如：无线射频识别（RFID）、全球卫星定位系统（GPS）、地理信息（GIS），电子数据交换（EDI）等］，搭建物流信息平台，对港口物流过程进行有效的监管和跟踪。

（2）港口优化延伸服务价值链，建立综合物流中心

港口增值服务是将产品的流通加工，组装和其他活动整合到港口，既发挥了港口作为物资装卸和集聚的优势，又方便了物资向其终端运输活动的进行，提高物流速度。同时，通过对生产环节的整合，可以降低运输和库存成本，提高了整个供应链的效率。港口供应链增值服务的主要形式有：

① 流通加工

包括对物资进行包装、检验其质量、加贴条形识别码等。这主要是为了满足供应链一体化的要求，使货物可以容易地变换各种运输方式，以适应国际集装箱综合运输方式和单证流转的电子化，有利于运输一体化的建设。

② 简单的装配

将来自于不同供应商的零配件运输到港口，在港口进行零配件的组装，装配后的成品再进入供应链的物流活动进行运输。

③ 产品深加工

包括对产品进行分级挑选归类，对粮油食品进行深加工，对散装货物或小包装货物进行改装以便于销售。产品深加工主要是为了满足供需双方的要求，将供需双方衔接起来。

港口除了对生产功能进行延伸外，还可以直接在港口地区建厂生产。由于港口在整个港口供应链中的核心地位，在港口地区进行生产的优势十分明显，可以极大地缩短整条供应链的流程。同时，还可以对港口腹地进行辐射，以港口带动城市的发展。

（3）港口供应链规模的定制化

船舶逐步向大型化发展导致了港口发展的规模化；同时，客户需求的多样化和精细化又要求港口向专业化和标准化发展。因此，在供应链构建过程中，必须考虑港口标准化和规模化的要求；同时，必须看到，标准化在降低港口生产成本的同时，必然会增加作业的中间环节，延长在港作业时间，与用户需求的多样化相矛盾。因此，为了既满足客户不断丰富的多样化需求，又降低港口生产成本，实现规模化的生产和效益，应在港口发展的过程中寻求一个平衡，提出"规模定制"服务。

（4）港口生产的柔性化

港口供应链的柔性化首先要求港口企业的柔性化。港口的柔性化即能够根据多样的用户需求，制造、配送不同产品，提供各类服务，能及时有效地处理多货种、小批量、多票数、短周期的综合物流活动。港口的柔性化是当今港口建设的目标之一，要实现港口的柔性化，一般有 4 个过程：港口业务流程的再造阶段、港口运作的准时化阶段、港口运作的精细化阶段以及港口运作的敏捷化阶段。

在柔性化港口的构建中，要遵循科学性、统一性、经济性、合理定位、循序渐进等原则：

① 科学性原则。应根据客观的实际情况，进行柔性化港口的构建，制定柔性化港口的发展策略，坚持可持续发展。

② 统一性原则。构建柔性化港口，不仅从港口自身出发，还要站在区域发展的角度，与区域的发展相协调。此外，还要注意港口与港口之间的协调统一，根据港口群内的分

工，制定柔性化发展战略，实现资源的合理配置，使得港口群利益实现最大化。

③ 经济性原则。柔性化发展可能会导致初期港口服务成本的增加；因此，在实施柔性化发展策略时，应该要充分考虑经济性原则，依靠科技手段，优化作业流程和资源配置，在保证服务质量的同时，尽量降低成本。

④ 合理定位原则。由于港口发展基础不同，并非所有的港口都适合建设成为柔性化港口。一些区位、经济、建设等基础条件良好的大型港口适合柔性化的发展模式，而一些中小型港口应该客观地分析自身条件、合理定位，有选择地采取正确的发展战略。

⑤ 循序渐进原则。柔性化港口建设应分阶段进行，并特别注意发展策略的可行性。在实施初期可以采取双重模式，即在某些层面实施柔性化运作，而在某些层面实施以往的刚性化运作。

二、 港口供应链构建流程

港口供应链的构建是一项系统工程，它涉及不同企业组织间的集成与信息传递和交换。建立港口供应链的目的是为了达到对港口供应链的集成管理，实现港口供应链的协同运作。

1. 港口供应链构建流程

区别于普通供应链的构建，以港口为核心的港口供应链的构建是围绕港口，从港口的角度展开的。针对港口供应链的特点，其供应链的构建主要分为以下几步：

(1) 市场环境分析

在构建一般供应链时需要对市场竞争环境及市场需求进行分析，市场环境分析的目的就是分析供应链的构建适用于哪些产品的市场。

针对现有港口物流市场环境，以及经济腹地的物流特点、物流流量以及物流未来发展趋势进行分析。主要向卖主、用户和竞争者调查，通过分析货主的特征与需求状态和需求倾向，了解货主对港口的认知与接受度，划分客户群体，确定重点目标客户群。同时，对市场的不确定性进行分析和评价，为构建适应市场变化的供应链打下基础。

(2) 港口发展现状分析

即港口供应链中的港口企业对于自身的发展状况及供应链的管理状况进行分析。

港口发展现状分析主要应该着重于研究港口供应链的开发方向，分析、寻找和总结港口企业存在的问题，以及影响供应链构建的负面阻力。在港口供应链的构建中，对港口自身情况的分析是十分关键的一步，港口需要对自身的发展现状进行 SWOT 分析，结合自身的发展优势，针对性地开展供应链式的物流服务。同时，还需要了解其他港口的发展定位和优势，明确自我定位，实现错位发展。另外，港口还应该梳理自身发展现状及运作情况，分析现有供需关系中存在的问题，为下一步港口供应链的构建做好准备。

(3) 港口供应链发展战略设计

发展战略设计是企业进行供应链管理的决策步骤，在对港口企业和市场环境准确分析的基础上，制定港口企业总的方针、政策和供应链总体规划及设计，并分析其必要性。从战略上界定供应链的工作范围和内容，供应链的任务、功能、目标、投资需求；从宏观上研究供应链的发展方向，论证供应链的可行性，建立供应链各环节的组织结构和相互关系。对港口企业实施供应链管理，通过对现有供应链竞争力的评价、分析、判断，总结企业存在的问题及影响供应链设计的阻力因素，确定改进的目标和总体规划。

（4）港口供应链的成员分析及成员选择

供应链的成员组成是设计供应链的核心内容，主要包括港口、单一物流或组合物流服务提供商、船公司、货主企业及 3PL 的选择及其定位等。

① 港口

港口是港口供应链的核心，作为海运的起止点和大量物资的集散点，已逐渐发展成为服务于国际贸易和促进经济发展的综合物流中心，能为港口供应链有效运作提供所需要的完善基础设施和良好的软发展环境，同时拥有联合和集成供应链其他成员的能力。

② 各类物流服务提供商

港口供应链包括各种物流服务供应商，他们为港口供应链提供仓储、运输、加工、装卸等服务。它们既是独立的个体，同时又依赖于港口业务。

③ 货主和船公司

货主是整个港口供应链起止点，货主的需求是整个物流服务展开的核心。供应链的目标是将货主所需要的正确数量的货物，在要求的时间内，运送到指定的地点。

船公司对于港口来说是客户，对货主来说是服务提供方。从现代物流角度出发，船公司提供的服务与港口提供的服务都是为货主提供现代物流服务的。从供应链角度出发，船公司在整个港口物流服务供应链上是处于港口下游，终端客户上游的企业。

④ 第三方物流（3PL）

在港口供应链中，第三方物流公司能提供物流方案设计、仓库管理、运输管理、订单处理、产品回收、搬运装卸、物流信息系统、产品安装装配、运送等在内的近 30 种物流服务。第三方物流提供商提供的不仅仅是一次性的运输或配送服务，而是一种具有长期契约性质的综合物流服务。

（5）港口供应链的结构设计

港口供应链的结构设计，即确定供应链网络结构的长度和业务连接方式等一般供应链系统的链状结构和网状结构模型。参考一般供应链的结构模式，提出港口供应链的链状结构模型和网状结构模型。

① 链状结构

链状结构是最简单的供应链系统结构模型，它一般适用于供应链节点企业数量较少，企业间连接关系比较简单的情况，在现实中基本上不太存在。在链状结构中，各个企业节点通过简单的上下游关系形成一条链式结构，彼此之间只有相邻的节点可以连接。这个在港口供应链构建初期时可以采用，通过选定最重要的上下游物流服务提供商，形成最基本的链状供应链结构。如图 2.4 所示。

② 网状结构

在实际情况中，供应商、制造商、分销商都不可能只有一家，考虑分别有多家供应商、制造商、分销商，可以将链状结构转变为网状结构。网状结构是港口供应链的主要结构，它以核心企业为中心，在核心企业需求信息的驱动下，通过职能分工与合作，以物

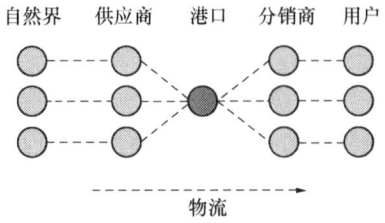

图 2.4　港口供应链链状结构模型

流、信息流、服务流为媒介，实现整个供应链的增值发展。网状结构的示意图见图2.5。

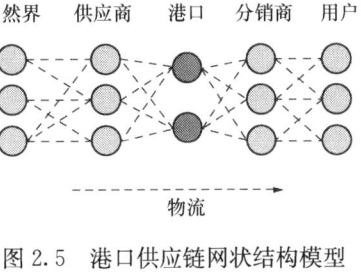

图 2.5 港口供应链网状结构模型

图2.5中表示了港口供应链的基本网状结构，形成多级的供应链网状结构。

港口是港口供应链中的核心企业，影响着整个供应链的成功与否以及竞争力的强弱。其他节点企业的生产活动以及发展计划，是由港口服务产品的定位和能力决定的。因此，港口企业必须跟随市场的变化，不断调整服务产品的定位，提高市场份额。同时与各类物流服务商建立战略合作伙伴关系，协调合作内容，保证物流运作顺畅，减少物流服务周期，提高物流运作的稳定性和平衡性，降低物流服务的成本。

（6）港口供应链的功能设计

在确定了港口供应链的基本结构以及供应链上的成员之后，我们需要对港口供应链的功能进行设计。使整个服务供应链除了能够实现运输、储运、装卸搬运、信息处理等基本功能外，还需对增值服务功能进行设计。港口物流服务供应链的功能设计还应包括分析整个供应链中各个组成节点之间的功能协调、互补、动态性、整体性等方面的问题。

（7）制定港口供应链的实施保障

在确定了港口供应链的战略方针、组成成员、基本结构以及相应的功能之后，需要再为供应链制定相应的实施保障措施。一般可通过加强一体化运作，搭建稳定、发达的信息网，以港口为核心实现协调管理，以及"一站式"港口物流服务等来实现。

（8）港口供应链的实施

规划和设计的最终目标是付诸实施，它与日常业务活动有关，如库存管理、生产活动、设备管理、作业调度、服务提供商管理等。在具体的实施阶段，需要港口及所有供应链成员进行供应链的软硬件系统的实施配置，包括办公环境、资金、人员、技术、信息系统的配置等，并实现整个供应链的流畅运行。

（9）港口供应链的评价

在供应链体系建立实施以后，需要通过一定的方法和技术对供应链进行测试，检验其合理性，并实时地对供应链的运作情况进行监控和改进。在港口供应链的实施过程中，明确责任划分区域，后续物流活动将主动地对前站活动进行监管和督查，逐步形成监管网络，最后由客户在最终接收货物时，对物流服务进行总体的评价。在这个监督流中，通过使用信息化手段，将每个环节的情况及时反馈给港口企业。

发展方向应根据市场形势和竞争环境的变化而适时调整。同时也要对物流服务商进行评估，选择最合适的供应商，及时调整不恰当的供应商。与船公司合作时，也需要调整合作的内容以及形式，保证整个供应链的稳定运行。

此外，港口企业应采取一定措施，防止和缓冲供应链的突发情况。当业务发生重大变化时，应与协同物流企业进行沟通，提前进行情况说明，以便作出相应的调整和安排。同时，协同物流企业也可以协调核心企业的运作，对其运营状况以及业务计划等提出自身的建议。还可以请客户定期对服务质量进行建议和批评。通过这样的信息沟通和反馈机制，帮助企业提高服务水平。

通过以上步骤，可以设计和构建出满足整体性、动态性、协调性原则的港口供应链。通过强调过程管理、客户关系管理等内容，为客户创造最大价值，最大限度地实现供应链和供应链的可持续发展。

第3章 港口供应链的管理

供应链管理使得各成员之间信息链接更畅通，提升整个供应链的效率。港口供应链管理以港口为核心，借助现代信息技术、互联网技术、物联网技术的飞速发展，将港口供应链上各节点有效地整合在一起，促使资金流、物流、信息流在整个港口供应链上运行的更有效率。通过对港口供应链进行财务管理、信息管理和物流管理，港口（企业）就能够提升其服务效率和能力，有效地提升港口的竞争力。本章对港口供应链的管理以及管理中的关键问题，即财务管理、信息技术和物流服务以及供应链的协调与整合进行了阐述与分析，使读者能够对供应链的管理有一定的了解。

第1节 港口供应链的管理分析

随着全球经济一体化和国内外贸易量的增加，港口作为功能强大的综合性物流枢纽和各种运输方式的集散中心，在物流体系和国际贸易方面的作用不断突显，逐渐转变成商品流、资金流、信息流和技术流的汇聚地。港口企业关注的重点从传统的腹地生产转向了商品物流流通，港口企业之间的竞争逐渐演变成港口所在供应链之间的竞争，港口供应链管理成为供应链管理中重要的一环。

一、港口供应链与传统供应链区别

由于港口供应链的构成和作业的特殊性，以港口为核心的港口供应链与传统的供应链有所不同，具体表现在四个方面：

1. 供应链成员的差异

传统供应链由供应商、制造商、分销商、零售商和客户组成，各成员之间既有连接性又具有相互独立的特性。而以港口为核心的供应链成员主要包括港口、航运企业、货主和运输公司等。

2. 供应链管理动力的差异

传统的供应链中，供应链管理源于制造型企业。而在港口供应链中，供应链管理主要来源于船舶企业和码头。

3. 供应链的增值流程的差异

传统供应链通过产品制造和装配等流程来提高供应链上产品的价值。港口供应链并不生产制造新的产品，而是通过提供装卸和仓储等物流服务来创造收益。

4. 供应链上各成员目标的差异

在传统的供应链中，除客户外的其他组成部分的目标基本一致，即降低成本。而在港口供应链中，各组成部分的目标有较大的差异。班轮企业致力于船舶在港停留时间最短以降低成本和提高收益，港口企业致力于对港口资源的最大程度的利用，货主则致力于确保整个物流服务流程的高效、安全和更低的运费。

二、 港口供应链管理定义与意义

港口供应链管理是指以港口为核心，将港口供应链上各类装卸、运输、仓储、报关、配送等服务商以及交货人、船舶公司等客户有效集成，形成一个整体的功能网链结构进行统一管理，促进资金流、物流、信息流在整个供应链中的流通从而获得收益。

港口不是孤立的，随着全球供应链时代的到来，港口与其他港口和物流企业紧密相连。各个港口之间的竞争正演变成为港口所参与的供应链之间的竞争，这就要求对港口的管理从注重局部物流过程扩展到整体物流过程中。港口供应链管理的意义在于处理供应链中企业的核心业务，减少供应链环节中的不确定性并降低风险，实现港口各业务环节的无缝衔接，提高港口整体的运作效率。港口供应链管理的最终目标是提高服务水平和客户满意度，提升港口的核心竞争力，实现整个供应链的最优化。

三、 港口供应链管理模式

港口供应链管理，究其根本为港口供应链管理的集成性。港口供应链管理模式，是适应现代港口竞争的集成管理模式。港口企业的供应链管理应该基于这样的一种角度，港口企业应该从总成本和整体效率的角度考察日常的运营效果，而不是片面地追求诸如配送、仓储等个别环节功能的优化。港口供应链的集成管理，体现为供应链中各结点企业基于共同的目标，凭借先进的信息技术而组成的一个动态的核心共同体，使供应链中所有与企业经营活动相关的过程和人、技术、组织、信息等各种资源有效集成，进而使各节点企业能够及时对市场需求做出响应，优化整个作业流程。

1."横向一体化"管理模式

随着各港口间竞争的不断加剧，"纵向一体化"管理模式的弊端不断显现。港口企业逐渐放弃这种经营模式，转而采用"横向一体化"管理模式。港口企业不断寻求在仓储、运输等不同领域中最为优秀的企业来进行合作，通过港口实时的信息管理系统以及高效的物流管理，赢得整个供应链运营在低成本、高效率等诸多方面的竞争优势。

2. 多企业共同决策模式

供应链中所有参与物流活动的企业共同研究市场需求特征，分析整体业务流程的优化方向，提升客户对于服务的满意程度。企业之前的战略联盟最终目标是实现定制化的服务；因此，服务供应商为满足客户的需要与客户紧密联系，共同研究，对整个港口供应链的服务流程重新设计与优化，供应商与客户之间建立起长期的依存关系。伙伴成员从信息共享上升到思想共享，各个企业重新定义使双方获益的服务，所有企业共同参与任务分配，多个企业共同决策，实现整个供应链的效益最大化。

3. 港口供应链协同管理模式

港口供应链协同管理模式实际上是港口群的物流联动模式。港口群的物流联动是指港口群内的港口物流企业将各个港口上下游企业联合在一起进行规划和管理港口供应链运作，共同实现业务数据共享、联合预测和绩效评估等。港口供应链协同管理将相关供应链联系起来而不再是独立存在。港口供应链的协同管理模式是港口供应链管理模式未来的发展模式，它将推动港口群共同发展和服务一体化的实现。

四、 港口供应链管理的关键问题

港口供应链可以充分发挥优势的关键条件是：各节点企业能够基于信息技术和网络共享信息和知识创新成果；各节点企业为实现共同的目标而努力；建立合理的利润和风险分配机制以使供应链中各节点企业保持良好的合作关系；港口供应链中的合作伙伴能够彼此信任，协同管理与决策。港口供应链管理的关键问题主要涉及以下几方面内容：

1. 财务管理

财务管理的内容主要是如何筹集、使用和分配资金，使有限的资金发挥最大的效用。在供应链中，资金流是一个非常重要的因素，如果一个企业的资金链发生断裂，那么很有可能给企业带来巨大的损失，同时也会给供应链上的节点企业带来较大的影响和风险。

2. 信息技术

信息管理是实现港口供应链的基础，港口供应链的协调运行建立在数字化的港口系统和各个节点企业信息传递与共享的高质量基础上。港口供应链需要有一个统一的信息平台，使各个企业的信息管理系统以及业务运作系统实现互联互通，促进实现港口供应链的信息集成和共享，从而提升港口供应链的服务水平。

3. 物流服务

港口供应链的物流服务是港口供应链获得收益的重要环节。港口供应链的物流管理涉及港口物流服务供应商的选择、港口物流服务的任务分配及物流服务的绩效评价体系的研究等。

4. 供应链协调与整合

港口供应链协调与整合是指将港口供应链上各节点企业为了共同利益而结成一个虚拟组织，组织内各节点企业通过共享技术与信息、分担费用、协调人员、资金和物资设备等方面，进而实现虚拟组织整体与组织内各节点企业的绩效最优。

港口上游企业主要完成的是货物到港前的系列配套工作，其中包括货主、金融保险机构、货运代理、公路运输、班轮、集装箱等基础设施的制造企业和相关的配套服务企业、培训及信息服务机构；下游企业主要负责货物装船后到目的港的运输和到达目的港后的货物集散工作，包括班轮公司、海运配套服务提供商等。上下游各企业之间利益相互冲突。因此，港口通过与上下游企业建立合作伙伴关系以协调发展。此外，由于港口作业流程的复杂性，需要将港口供应链的协调性高度整合以促使港口提高其服务效率和水平，进而提高港口的竞争力。

第2节　港口供应链的财务管理

企业重要的内在驱动力是盈利。要在激烈的市场竞争中保持持续发展，前瞻性地制订港口财务管理战略是非常必要的。在港口供应链管理中，不仅要着眼于用户提供多功能、一体化的综合服务以及多方位增值服务，港口供应链中企业的盈利情况更是应该考虑的问题。港口财务管理是港口企业为谋求资金均衡有效流动，根据金融环境的变化和发展趋势而实施的管理内容。

港口供应链的财务管理以港口供应链企业的财务活动为对象，从供应链管理的角度着手，以达到营运资金周转效率加速、提高盈利能力为目的，利用现代化的信息技术，对港口供应链进行优化管理，最终实现企业增值最大化的目标。

一、 投资管理

港口企业做出最佳的投资分析是其能够更好地进行港口管理的基础。根据港口的生产经营发展需要，做好企业的财务管理，能够为投资者带来稳定收益，推动企业价值得以增加。港口企业的投资管理是港口供应链财务管理一个重要环节，有固定资产投资和流动资产投资两种类型。

1. 固定资产投资决策

固定资产投资主要指企业的长期投资。固定投资项目的预期现金流量可以对投资方案进行决策、分析、评价。具有长投资回收期、高投资风险和较大的资金占用量的特点。固定资产的投资决策必须充分考虑货币的时间价值、投资的风险回报、资金成本、项目盈利能力等。在固定资产的投资决策中，评价投资项目优劣的是现金流量的有关决策指数。

2. 流动资产投资决策

流动资产投资，也称为经营性投资，其服务于港口企业的日常生产周转经营。主要包括现金、短期有价证券、应收票据、应收账款、其他应收款、预付款和存货等流动资产投资。具有较大的数目波动、较强的变现能力和较短的投资回收时间等特点。根据在港口日常生产经营中的作用，港口的流动资产可以划分为储备用流动资产、生产用流动资产、结算用流动资产和支付用流动资产。

3. 固定资产和流动资产的关系

流动资产和固定资产都是生产过程中不可缺少的生产要素，两者是相互依存、密不可分的。企业在进行资产投资规模决策时，必须在风险和报酬之间进行权衡，来确定最优的投资规模。因为在资产总额和筹资结构不变的情况下，如果流动资产减少而固定资产增加，则企业的收益和风险会同时增加；如果固定资产减少，而流动资产增加，则企业的风险降低，但收益也会随之降低。

二、 融资管理

港口企业的融资是其根据生产经营情况，通过一定的渠道和方式，为扩大生产规模，获取所需资金的行为。建设一个新的港口或设立一个新的公司需要有建设资金或注册资金。港口相关企业扩大生产和技术改革创新同样需要扩大或改造资金。无论其资金的来源和方式如何，其取得途径不外乎两种：一种是接受投资者投入的资金，即企业的资本金；另一种是向债权人借入的资金，即企业的负债。融资战略主要是解决企业融资的目标、原则、方向、规模、结构、渠道和方式等重大问题而进行的规划和安排。

新中国成立以来，我国主要港口都是由国家直接拨款建设。实行拨改贷后，国家直接拨款的比例大幅减少，企业需要自筹 90% 以上的资本金。由于港口企业融资渠道十分有限，港口企业过于依赖银行，增加了企业的债务负担。企业的负债率过高且常年难以降低，在这种情况下，企业的发展受到极大的制约。因此，港口企业筹集资金渠道逐渐多样化。目前，我国港口企业的资金来源主要有国家财政资金、政府机构贷款、银行信贷资金、非银行金融机构资金、其他企业资金、外商企业和民间资本以及企业自留资金七个方面。

1. 国家财政资金

国家对企业的直接投资是国有企业最主要的资金来源渠道，包括：无偿拨款，现有国有企业的资金来源大部分是过去由国家财政以直接拨款方式投资建设的；国家允许企业税前还贷或减免的各种税金；重点项目申请资助、补贴等。

2. 政府机构贷款

政府双边贷款或商业银行贷款也是港口企业的重要融资方式，一般还贷期长、低于市场利率，但必须采取境外贷款指标和利用外汇还贷，有汇率风险。

3. 银行信贷资金

银行对企业的贷款是我国目前各类企业最重要的资金来源。可银行分为商业性银行和政策性银行两种，如工商银行、农业银行、交通银行、招商银行等为商业性银行；国家开发银行、农业发展银行、中国进出口银行等为政策性银行。可通过签订贷款额度和有效期的方式，取得银行授信，长短期相结合，多次提款，逐步归还。

4. 非银行金融机构资金

非银行金融机构主要指信托投资公司、保险公司、租赁公司、证券公司、企业集团的财务公司等。这些公司提供的各种金融服务，既包括信贷资金投放，也包括物资设备的融通，还包括为港口承销证券服务等，如可以形成港口基础设施产业基金，由信托公司进行资本运营和管理。

5. 其他企业资金

在港口企业的生产经营中，往往出于风险的考虑，事先会在货物提离港口前收取一定的预收款，故形成部分闲置资金；另外，港口企业在采购物资过程中或在内部进行技术更新改造、维修时，支付款项可采用商业信用票据，从而形成对短期信用资金的占用，可适当用于这些资金。

6. 外商企业、民间资本

由于港口产业稳健的收益性，外商看好中国港口的潜力和发展力，涉足此领域，包括 NYK 日本邮船、铁行渣华、商船三井等；新加坡马士基等世界上大的跨国港口企业从北到南进行了收购。民间资本和大财团亦在纷纷介入，给港口的资金来源提供了另一通道。

7. 企业自留资金

企业自留资金主要包括计提折旧、资本公积、盈余公积和未分配利润。它们无须通过一定的方式去筹集，直接由企业内部自动生成或者转移，是企业自我融资渠道。

第 3 节　港口供应链的信息管理

一、港口信息化系统结构

港口的规模决定了其与上下游企业链接的复杂程度。为了降低物流相关费用和提高港口的服务效率，先进健全的信息系统是有效的物流管理工具。港口企业可以根据港口信息系统这个媒介，共享自身的规划信息和日常运营管理情况的信息，进而提升整个港口供应链的竞争力。

港口信息化系统如图 3.1 所示，有四个层次，分别是支撑平台层、运营管理层、综合应用层、宏观战略层。四个层次包括有十三个子系统，分别为网络通信及计算机软硬件设备系统、港区地理信息系统、生产数据采集系统、业务管理系统、生产管理系统、计划财务系统、人力资源系统、生产保障系统、综合信息查询系统、电子商务系统、办公自动化系统、港区视频监控系统、发展规划及经营决策系统。

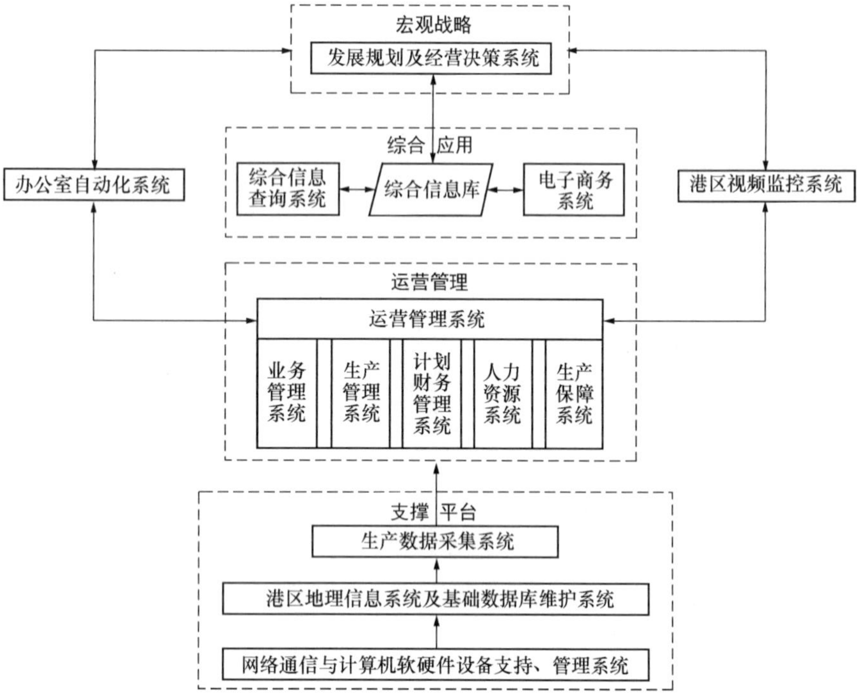

图 3.1　港口信息化系统结构

1. 支撑平台层

支撑平台层包括港区地理信息系统和网络通信及计算机软硬件设备系统，主要负责对港口基础数据的维护管理和为港口信息化软硬件设备提供支持。

港口一般覆盖的地理空间比较大，因此将地理信息系统作为港口信息系统的基础平台，结合港口信息化软硬件设备系统，进行港口相关数据基础编码、建立基础设施数据库等工作，对港口日常作业及其保障系统的设计和运行提供基础保障。对港口相关信息的基础编码、基础设施的数据等进行建库与管理。

2. 运营管理层

运营管理层包括生产数据采集系统、业务管理系统、生产管理系统、生产保障系统、计划财务系统、人力资源系统。

港口在日常运营中，涉及的业务繁杂。港口数据采集系统可采集每天进出港口的船、车等数据，其集成 AIDC 技术、无线网络技术、数据库技术，以及条码技术、工业 ODA 和数据采集器等软硬件接口技术。运营管理层中除数据采集系统外，其他系统统称为运营管理系统。作为港口信息化应用的基础和核心，运营管理系统管理着港区生产、财务、人力等多方面资源。

3. 综合应用层

综合应用层以较为完善的运营管理层为基础，综合应用企业信息资源。综合应用层包括综合信息查询系统、综合信息库、电子商务系统、办公自动化系统、港区视频监控系统。

综合信息查询系统根据在职员工、船运公司所有人、客户等不同主体所有的权限，提供给他们信息。综合信息库是对现代集成技术综合应用，更是接下来真正对信息进行综合利用、发挥信息的重要作用的关键。其所有的信息类别是动态生产及管理统计信息，各种规章制度、文件资料信息，各系统之间的共享信息等。

电子商务系统则利用计算机网络技术，实时发布港区各主体的公告和宣传信息，为海关和边检等口岸单位和远程船代公司、货主提供货物、船舶等实时信息查询。同时，电子商务系统可以实现网上交流谈判和交易的功能。

办公自动化系统依赖综合信息库和综合查询系统，按权限传送全港综合信息，同时具备常用办公辅助管理功能。

视频监控系统是依靠成熟的视频监视技术、网络技术、自动控制技术，对整个港区实现实时监控可视化管理。港区管理人员，海关、边检、海事等口岸单位和用户可通过该系统实时监控各业务流程和状态。

4. 宏观战略层

宏观战略层包括发展规划及经营决策系统，负责港口战略发展的规划、港口年度经营规划以及日常专项技术改进的决策，该系统主要用于辅助港口决策。

二、 港口供应链信息协同

港口供应链上的节点企业，面临着与其上下游企业间的协同合作问题。构建基于协同管理的信息化体系，目的是与链条上的各企业实行实时信息共享与交互，使共享信息得到充分应用，同时避免信息资源在使用过程中的相互冲突。

信息协同是港口供应链管理成功与否的关键因素之一。为保证整个供应链链条的运行的最佳状态，港口供应链需要基于供应链各节点港口企业的信息互动和共享达到各个环节既独立又融合，既分工又合作的状态。否则各节点企业将会彼此孤立，无法发挥供应链真正的作用。各个节点企业之间高质量的信息传递与共享是供应链实现最大程度满足客户需求、各节点企业收益最大化、效率最高的基础。保证客户需求信息在供应链的传递过程中的有效性和真实性，有助于有效解决供应链中的委托、代理和欺骗等问题，提高供应链整体的效率和绩效，并且促进港口供应链企业建立长期稳定的合作伙伴关系。信息协同的优点：

1. 信息透明：港口供应链中每个环节的节点企业都有自己内部的信息系统，但是在港口供应链的协同管理模式下，内部信息系统中必然有与外部系统相关联的部分。企业应处理好内部信息和与公开共享信息之间的关系，实时共享公开有经济效益和价值的信息，从而增加与合作伙伴间的信息透明度。信息透明化能够促进谈判与沟通成本的减少，进而降低各企业之间的合作成本，使供应链的增值效应得以产生。

2. 信息交互：信息交互在协同信息系统中，究其本质是及时处理应急情况，防止信息滞后与失效，其实是追求信息的同步与一致。港口供应链有流程复杂、业务繁多以及涉及企业较多的特点，这对于信息需要在流动过程中不断交互提出了要求。

3. 信息跟踪：港口供应链的信息协同可以使货源信息、船舶信息、储藏信息、货物运输的物流信息等信息实时共享得以实现，以此使货物在供应链上的各个状态更加透明化，为物流过程的实施控制提供了基础，有助于准确的预测供应链的信息。

4. 信息规范化：信息在交互和共享过程中的内容格式和技术支持需要有一定的规范来支撑和约束。以统一规划和协调为基础，可以规范整个供应链信息系统的平台接口、统一信息传输标准与信息系统的收费，提高信息处理能力和效率。不同企业的编码、系统之间的兼容性是规范信息中应该解决的主要问题，使各部门、各企业系统间数据信息格式、规范及相互转换功能可以实现。

港口供应链信息系统根据协同程度由低到高分为三个层次：信息传送——信息共享——信息集成。信息传送指的是数据的录入及处理，通常利用 POS、RFID、EDI 等技术手段；信息共享是指供应链中的组织之间密切联系，综合各方需要，通过公布在公共平台上的信息，进行反复的信息交换；信息集成指的是联系各方业务处理逻辑，实现节点企业业务上的协同，主要表现为信息系统各细分的功能子系统。在实时监控的基础上，以货物集疏运为主线、一站通关为重点、咨询决策为服务，港口供应链公共信息平台建立了联合范围广泛化、融合程度深度化、监控智能化、通关一站无阻、安全完善、机制可靠的信息化体系。

第4节　港口供应链的物流管理

一、　港口供应链物流管理基本概念

1. 现代物流和物流系统

现代物流以系统化、信息化、全球化、标准化、产业化为标志，是一种将多种物流服务综合起来的新型集成式管理。

国内外学者和研究机构对现代物流的定义很多，但迄今为止还没有形成统一的定义。美国物流管理协会认为："现代物流是为满足消费者需求而进行的，对原材料、中间库存、最终产品及相关信息从起始地到消费地的有效流动与存储的计划，进行控制的过程。"我国在《关于加快我国现代物流发展的若干意见》的通知中，把现代物流定义为：原材料、产成品从起点至终点及相关信息有效流动的全过程；它将运输、仓储、装卸、加工、整理、配送、信息等方面有机结合，形成完整的供应链，为用户提供多功能、一体化的综合服务。

就现代物流的实质而言，它应该包括原材料、半成品及成品的运输和存储，相关信息的流通和对计划及流通过程的管理与控制。

随着经济与技术的发展，现代物流呈现出如下新特征：

（1）快速响应：物流配送时间缩短，商品周转次数增多；

（2）功能集成化：实现了物流与供应链其他环节的集成和一体化运作；

（3）多元化服务：相比于传统物流只提供物流基本服务，现代物流还增加了咨询、运送方案设计、结算等增值服务；

（4）规范化作业：通过物流标准体系规范了现代物流的作业；

（5）网络化组织：物流的发展推动了完善的物流网络体系的形成，现代物流网络中的物流活动保持系统性和一致性；

（6）现代化手段：网络通信技术、条码技术、全球卫星定位系统（GPS）、无线射频技术等广泛应用。

物流系统是指在一定的时间和空间里，由所需位移的物资和包装设备、搬运装卸设备、运输工具、仓储设备、人员和通信联系等若干相互制约的动态要素所构成的具有特定功能的有机整体；是具有特定功能和结构的复杂系统，且具有一般系统的整体性、相关性、目的性和环境适应性等特点。

研究现代物流的目的是实现物资低成本、高效率、高质量地移动，使得物资以准确品种与数量在正确的时间、按照正确的路线、到达正确的地点。现代物流管理就是追求以较低的物流成本向顾客提供优质的服务，而物流系统可以被认为是达成物流目的的有效机制。

2. 港口物流与港口物流系统

在现代物流的实现过程中，港口发挥着极其重要的作用。港口物流是一种依托港口设施和业务活动，使货物从供给者到需求者的运动。港口物流在不提高运价且不增加额外运作成本的基础上向客户提供丰富、个性化的服务。港口物流活动包括以下六大活动和四大功能，具有国际化、多功能化、系统化、信息化和标准化等特点，如图 3.2、图 3.3 所示。

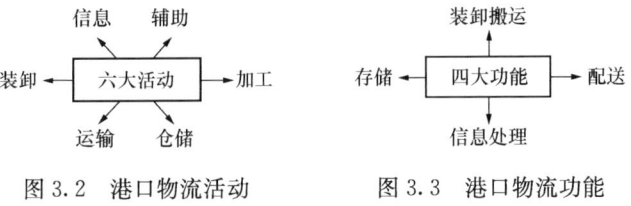

图 3.2　港口物流活动　　　　图 3.3　港口物流功能

港口物流系统是由基础设施、信息系统、工具设备、生产运作与运营管理系统、集疏运体系和服务支持体系等构成的动态复杂系统，是由若干相互制约、相互影响的要素组成的具有特定功能的有机整体，是物流系统的有机组成部分。港口物流具有不同于一般系统的社会性、开放性和层次性。

3. 港口物流系统的功能

港口物流系统的基本功能包括港口中转装卸及搬运、仓储保管、运输、配送、包装、流通加工和物流信息。随着港口物流功能的不断深化与完善，现代港口物流还具有了物流枢纽功能、信息平台功能和产业拉动功能，如表 3.1。

港口物流系统功能　　　　　　　　　　　　　　　　　表 3.1

功能	具体介绍
物流枢纽功能	将装卸、仓储、流通加工、包装盒配送等服务功能有机结合，实现货物快捷、准时和经济的空间位移
信息平台功能	搜集各个组织结构的信息并整合，为相关企业提供市场供求信息、货物与客户跟踪信息
拉动产业功能	对基础设施的建设行业、设备制造业、经营业、工商业等生产和服务行业及各管理部门都有拉动作用

4. 港口物流系统的特点

港口物流系统作为物流系统的组成部分,由于其在物流系统独特的地理位置,发展具有以下特点:

(1) 港口物流系统的发展与腹地经济发展状况密切相关

港口腹地的经济发展与港口物流的发展之间相互依存并会相互影响。腹地的规模、经济发展水平和地区人口的密集度会对腹地对外经济联系的频率产生影响,进而影响港口物流的需求。受到物流需求的影响,港口物流的吞吐量会直接推动港口物流系统结构的演进和规模的扩大。港口物流的发展可以带动港口周边工业的发展,依托港口建立的发达物流体系,扩大所在城市的经济辐射能力。

(2) 港口物流系统发展受国家政策和国际环境的影响

港口是国际运输体系的重要节点,是一个国家对外开放的窗口,港口物流服务更多的体现在支持进出口贸易和外向型经济的发展上,世界各地的港口之间都有着紧密地经济贸易联系。周边国家是港口相当大一部分货运量的来源,港口周边国家的经济水平、体制和外交政策等,往往会影响港口的物流量以及港口物流的发展水平。

(3) 港口物流系统的发展能够体现整个国家物流发展总体水平

港口物流活动都依托港口进行。港口凭借着天然的地理位置优势以及完整的硬件设备优势,集聚了大量的货运企业、航运公司和零售商等企业或机构进行的物流活动,汇集了大量的物流、技术流、资金流和人流。相比于腹地的物流,港口物流相关的从业人员更容易接触到先进的物流管理与技术,进而带动腹地乃至全国的物流发展。

(4) 港口物流系统在国际物流链中居于重要地位

现代物流发展中,港口有着诸多独特的优势,在综合物流服务链中处于非常特殊的地位。国际贸易中的货运量90%以上靠海运完成,港口在整个运输链中是最大量货物的集结点。因此,港口物流系统的建设情况和服务水平关系到整个物流链能否流畅运作。

(5) 港口物流系统具有集聚效应

港口是国际运输系统中的节点,港口物流活动所涉及的业务繁多。许多货物经过港口物流系统进行中转,并向外地发送。同时大量加工企业由于港口发达的物流系统而聚集在港口周边地区,进而形成临港加工区。此外,港口物流的发展还使大量的资金流、信息流和人流涌向城市,为形成地区性的金融中心以及旅游业、信息产业的发展创造必不可少的条件。

(6) 港口物流系统的产品具有特殊性

由于港口一般充当着货物流通的起点或终点,像集装箱运输是很多铁路和公路无法完成的运输方式,因此港口物流系统提供的服务具有一定的特殊性。

5. 港口物流管理在供应链中的地位

港口物流管理是指对港口物流活动进行的计划、组织、协调与控制等的管理活动,以达到用最低的物流成本满足客户需求的目的。港口物流管理是供应链管理的重要组成部分,随着客户对于产品供应的要求标准越来越高,港口物流系统的运作协调能力也需要不断提升。港口主要通过提供装卸和仓储等物流服务来创造收益,港口物流管理不再仅仅是保证生产过程的连续性问题,而是要在供应链管理中发挥重要作用。只有建立敏捷高效的港口供应链物流系统才能达到提高港口竞争力的要求。

二、 港口供应链管理环境下的物流管理

1. 港口供应链管理环境下的物流新环境

港口的发展主要经历了四个阶段，即形成四代港口：

第一代港口（20世纪50年代以前），港口是单纯的运输枢纽，提供船舶靠港、货物装卸、转运和仓储等基本功能。

第二代港口（20世纪50年代到80年代），港口除了提供装卸仓储等基本功能外，增加了工业和商业服务。

第三代港口（20世纪80年代到90年代），港口逐渐具有了集商品、技术、信息和资金集散于一体的物流功能，成为贸易物流中心，同时，港口与其所在城市发展关系更加密切。

第四代港口（21世纪后），港口出现了以处理集装箱为主的新型生产力形态，港口发展表现为港航合资经营及港际间策略联盟，生产特征为整合性物流。

港口物流系统发展经历了由成本理念到利润理念，到综合物流服务理念再到供应链管理理念的演变发展过程。随着市场对产品生产过程的精细化、敏捷化和柔性化要求不断提高，对港口生产的精细化、敏捷化、柔性化也提出了更高的要求，港口在物流运输链中的角色也愈发的关键，物流管理在港口供应链环境下中有了新的环境，如表3.2。

港口供应链环境下物流管理的新环境　　　　　　　　　　　表 3.2

竞争需求	竞争特性	物流策略要素
产品的开发和制造、交货速度的定制化	敏捷性	有畅通的运输通道实现快速交货
货源的动态重组	合作性	信息网络即插即用 实现信息实时共享
物流系统对变化的实时响应	柔性	运输网络和信息获取途径多样化
用户对服务能力的要求	满意度	产品多样、质量可靠、服务亲和

2. 港口供应链管理环境下物流管理的新特征

（1）各组成部分信息共享

传统的物流中，信息是逐级传递的，上游企业不能及时掌握市场信息，无法快速根据需求进行调整。客户的需求信息完全、快速、无失真传递是发挥供应链效用的前提。港口供应链中的物流管理应被纳入到整个供应链的环节当中，不能再被当作一个单独的个体存在。港口供应链系统是一个集成开放的系统，物流部门通过信息共享，实现与开放系统中各方的无缝连接。

（2）各组成部分协同合作

港口供应链的合作思想贯穿于整个管理过程，无缝连接的供应链物流系统是使供应链得以协调一致运作的前提条件。如果运输的货物逾期未到，客户的需求不能及时得到满足，会使供应链系统的合作性大打折扣。只有企业间加强协同合作，整合资源、集成管理，才能最大限度发挥要素合作和资源重组的优势。

（3）灵活多样的物流服务

灵活多样的物流服务适应客户不断变化的需求。通过及时的信息交换，提高了供应链

管理对用户个性化需求的响应能力，提高客户的满意度。

3. 港口供应链管理环境下物流管理战略

物流竞争既是物流服务多样化的竞争，又是物流服务高效率、高质量的竞争。随着客户对港口供应链管理的要求不断增加，港口物流竞争不断加剧。港口企业应如何结合自身特点开展物流管理战略成为提升港口竞争力、保证港口长久发展的重大课题。

（1）即时物流管理战略

即时物流侧重的是物流商品流动的范围经济的时效性，其目标为港口在提供让客户满意的服务的同时，将浪费降到最低的程度。通过即时物流管理，提高商品配送、流通加工的效率，进而提高物流服务的效率。

（2）协同物流管理战略

协同物流指的是供应链上的各个企业及其内部围绕核心企业的物流协调同步运作，协同物流战略有助于达到资源的优化组合，增强竞争活力，提高港口的经济效益。

（3）物流联盟战略

物流联盟是指生产企业和物流企业各自重组资源，组建新的物流公司以保持供应链的稳定。物流联盟战略是供应链一体化管理中的重要组成部分，有两种模式：渠道领袖领导模式和基于合同、协议的联盟关系。无论是何种形式的联盟，企业通过合作获得的利益大于独立作业的利益。

（4）全球化物流管理战略

全球化物流战略指的是通过有效控制世界范围内的物流活动，满足各地区的服务需求，使港口在全球市场的范围内取得竞争优势。全球市场具有多变性，同时，当企业服务于全球市场时，物流系统会变得更加复杂。

（5）互联网物流战略

在物流领域应用互联网极大地提高了物流效率，加快了港口的反应速度，优化了物流中心网络，简化了物流过程。通过互联网这种现代信息工具，可以使港口对客户的需求的把握更加全面和准确，港口企业通过互联网也可以大幅度降低沟通成本。

（6）绿色物流战略

绿色物流战略是从环境的角度出发，使物流管理系统能与环境共生。绿色物流战略可以提高各个物流环节中的环保技术含量，以尽可能少的资源创造尽可能多的产出，对物流系统的目标、物流设施设备和物流活动组织等进行改进与调整，不仅有利于环境保护和经济的可持续发展，还有利于我国物流管理水平的整体提高。

三、 港口供应链物流服务的任务分配

港口供应链的物流服务分配问题的实质是港口供应链企业间的协调与风险管理问题，是建立完善运行机制的重要保障与关键环节。港口需要有固定的物流服务供应商以保证物流服务的顺利与高效。

1. 港口物流服务供应商的选择

研究港口物流服务供应商的选择问题，是优化与完善港口供应链运营合作机制的必要前提和保障。常见的影响选择的因素有：企业服务成本、服务质量、盈利能力等。港口企业需要根据行业的侧重点、结合行业的具体情况，按照一定的基本原则对物流服务供应商进行选择。

(1) 港口供应链物流服务供应商选择流程

港口企业需要对功能型服务供应商进行选择,可归纳为以下几个步骤:

① 比较物流服务需求与自身所拥有的物流能力,确定自身能力范围外所需要的物流能力;

② 初步评估潜在的物流服务供应商,判断其是否具备承担相关物流任务的核心能力;

③ 分析经过筛选的物流服务供应商,确定几个综合素质好的供应商的物流任务;

④ 整体优化所选的供应商,以保证物流服务供应链整体最优。

(2) 物流服务供应商评价指标的特点

简明性:评价指标体系应突出重点,同时要简明扼要,以充分反映出物流供应商的服务水平;

灵活性:由于港口所面临的实际情况是不确定的,港口需要根据自身特点,对评价指标体系进行调整;

独立性:各层次的评价指标之间应相互独立,不能有包含关系;

通用性:评价指标应能够反映港口各类物流服务供应商的共同特性,以方便评价程序的简化;

科学性:评价指标应能够准确反映实际情况,以使港口对各服务供应商进行客观、全面、科学的评价。

(3) 港口供应链物流服务供应商评价指标

从物流服务供应商的服务成本、服务水平、盈利能力与企业形象四个方面构建一个通用的模型,在针对不同类型的物流服务供应商进行评价选择时,应当根据行业特点和实际情况,再选取一些其他的指标,如表3.3。

港口供应链物流服务供应商评价指标体系 表 3.3

一级指标	二级指标	三级指标
服务成本	运作成本	
	沟通成本	
服务水平	服务效率	
	服务质量	满意订单完成率
		事故率
		事故处理及时率
盈利能力	营运收入净利润率	
	利润增长率	
	资产总额利润率	
企业形象	企业规模	
	企业文化	
	员工素质	

2. 订单任务分配与能力分配

在供应链系统中,核心企业作为供应链网络中的核心调度机构,一项重要的工作内容就是合理分配客户的订单，即为订单任务分配。而这种分配是以客户需求与各企业能力为基础的，即能力分配。

3. 港口供应链物流服务任务分配模型

港口物流服务供应链的任务分配属于能力分配，其运作流程为：客户委托港口供应链承担物流任务，港口需要根据物流任务的性质与物流服务供应商的运营状况，将物流任务进行分解后合理分配如图3.4所示。从而在满足客户需求的前提下，达到减少服务成本、增加服务收益的目的。此外，为维持供应链物流服务的稳定性，要保证物流服务供应商的满意度。

图 3.4　物流服务任务分配运作流程

港口供应链在提供物流服务时，港口企业作为核心企业在任务分配中起到了主导作用。港口企业根据各个物流服务供应商所反映的包括装卸、运输、仓储、报关、配送、金融服务、商业服务等服务的有效时间、服务效率、服务质量和客户满意度等信息来对物流服务的任务进行分配。若物流服务的供应商夸大自身的服务效率和质量，即向港口企业提供自身不实的服务信息，必将导致物流任务分配不合理，继而影响其他物流服务供应商的满意度，对整个供应链的稳定性造成影响。此外，物流服务供应商若超负荷承担物流任务，可能会使物流服务质量降低，造成客户不满，反而影响到自身企业。因此，港口企业需要可以鉴别物流服务供应商提供的信息的可靠性，这将影响到整个供应链物流服务的优化与完善。

四、　港口供应链物流服务绩效评价体系

对于管理港口的相关部门而言，完善的港口供应链物流服务绩效评价体系有助于衡量各个港口的物流绩效水平、制定相关的发展政策和有效合理的发展规划；对于港口而言，港口可以根据评价结果调整自身的经营策略、提升港口的竞争力。因此，科学合理的评价体系和评价方法是港口供应链物流服务功能和港口供应链激励机制不断优化完善的重要保证。

1. 港口供应链物流服务绩效评价基本概念

港口供应链物流服务绩效评价是对供应链物流服务的各个环节、成员运营状况以及各环节之间的运营关系等所进行的事前、事中和事后的分析评价。港口供应链物流服务的绩效评价包括物流服务的各组成企业的内部绩效、外部绩效和整个供应链物流服务的综合绩效，其特征主要有：

（1）相比于传统绩效评价单独从一个公司自身分析，港口供应链物流服务评价指标更为集成化，进而反映整个供应链的物流服务的优化；

（2）不仅对企业内部运作进行基本评价，而更为注重外部的测控，保证企业的内外绩效尽可能一致；

（3）非财务指标和财务指标都是关注的重点，综合考虑供应链的长期发展和短期利润的有效组合，实现两者间的有效传递。

2. 港口供应链物流服务绩效评价的意义

（1）绩效评价综合反映供应链物流服务整体运营状况

绩效评价是优化资源配置的前提和基础，也能够帮助了解港口物流供应链的运营状况。

（2）绩效评价能够反映港口供应链竞争力的综合指标

企业之间的竞争已经演变为供应链间各节点的竞争。供应链整体绩效成为衡量供应链竞争优势高低的一项综合指标。

3. 港口供应链物流服务绩效评价常用方法

港口供应链物流服务绩效评价，可参考传统供应链绩效评价方法。主要有 ROF 法、作业成本法、标杆法、SCOR、平衡计分法、供应链绩效测试以及诊断表等。

（1）ROF 法包括三个方面的绩效评价指标：资源、产出和柔性。三种指标具有各自不同的目标，他们相互作用，彼此平衡。其中，资源评价（成本评价）需要达到高效的生产，产出评价（客户响应）为保持供应链的增值性必须达到很高的水平，柔性评价则要求能够在变化的环境中快速响应。在供应链绩效评价中，得到了广泛应用的是资源和产出方面的评价。柔性指标主要包括范围柔性和响应柔性两种，其应用比较有限。

（2）SCOR（Supply-Chain Operaions Reference-model）是由国际供应链协会开发支持，适用于不同工业领域的供应链运作参考模型。按流程定义可分为三个层次，每一层都可用于分析企业供应链的运作。第一层描述了五个基本流程：计划（Plan）、采购（Source）、生产（Make）、发运（Deliver）、和退货（Return），其中推荐的供应链绩效关键评价指标（KPI）共有 13 个。这些指标从供应链交货的可靠性、供应链的响应性、供应链的柔性、供应链的成本和供应链的资产管理效率等五个方面共同构成了供应链运营绩效的评价指标体系。

（3）标杆法（Benchmarking）是基于 SCOR 模型发展起来的，通过定量分析自己公司的供应链现状与其他公司现状，并加以比较，找到自己公司和一流公司以及竞争对手之间的差距，辨别和吸收其优秀的管理功能；从而有针对性制定激励目标，优化公司的供应链管理。供应链绩效标杆可以通过很多种形式进行，主要有：内部标杆、竞争性标杆、协作性标杆、公开性标杆。

第 4 章　港口供应链协调与互动

港口供应链协调与互动是指通过管理措施、信息技术等手段，对港口供应链的物流、信息流和资金流进行协调，实现港口供应链的企业之间高效运作，获得最大整体利益。港口供应链的协调与互动是提高港口供应链协同水平，增强港口供应链综合竞争力的重要方法，也是港口供应链管理的重要内容之一。

本章总结归纳了国内外相关研究，深入论述了港口供应链协调与互动的基本概念及影响因素，分析了港口供应链协调与互动战略的内涵，提出了港口供应链协调与互动的战略选择，总结港口供应链协调和互动的绩效评价指标体系以及评价方法，并以某港为例，对其港口供应链的协调与互动进行绩效评价。

第 1 节　港口供应链协调与互动的基本概念

一、 港口供应链协调与互动的定义

港口作为全球供应链的重要节点，将国际贸易、生产、物流等活动相连接。同时，港口又将其上游的供应商、下游的消费者及两端的运输商、中间商相连，将不同的运输方式、复杂的服务对象及自身组织结构等有机集成在一起，形成港口供应链。港口供应链管理的关键内容之一，就是协调港口供应链的各个组成部分，通过有力的管理措施、完备的信息技术，加强供应链各节点的互动，确保供应链各节点的顺利运营。

协调是港口供应链高效运营的重要方法。协调源于系统工程的理论，系统的协调就是希望通过某种方法来组织或调控所研究的系统，使系统从无序转化为有序，从而达到协同状态。港口供应链由不同子系统构成，其协调的目的在于通过具体方式将供应链中的子系统进行优化疏导，使各个子系统减少冲突竞争和内耗，将各节点利益与整个供应链的利益相结合，使系统整体利益大于各子系统利益之和。港口供应链的协调是指组成供应链的各个部门、各个企业之间，在信息流、物流、资金流等方面共同协作，通过协调妥善处理冲突，通过合作实现整体利益的最大化。

互动是港口供应链协调的必然过程。港口供应链子系统之间通过信息互动、资金互动、管理互动，达到子系统间的动态耦合；通过寻找合作机遇，挖掘自身不足，形成子系统间合作的基础。港口供应链的互动实现了供应链各部分的相互协调，优化了自身的策略和战略，提升了供应链的整体效益。因此，港口供应链的互动既是协调的前提和基础，又是协调的落脚点，并且渗透于协调的各个环节中，与供应链的协调相互依存，相互促进。在本章中，单独提及协调的相关内容，均已包含互动的概念。

目前，对于供应链管理的研究主要集中于制造型供应链的管理。Slats 等（1995）对传统供应链的协调和管理从设计层面、计划层面和运营层面进行了研究。Moses 等

（2000）对传统供应链协调策略的数量模型、多级库存模型等进行综述和评价。Lee 等（2003）将供应链协调和管理理论框架及建模方法运用到港口供应链物流系统中，建立了港口供应链的定量研究模型。作为服务型的供应链，港口供应链不应再局限于传统供应链的定位。传统供应链的协调与互动，是以制造商为核心，对各环节进行管理。在港口供应链的协调与互动过程中，以港口为主的多方参与者，通过将港口、各类服务供应商（仓储、运输、装卸等）进行有效集成而提供服务职能。港口在物流管理和协调中处于重要节点位置，为港口供应链减少成本，并提供增值服务。现代港口除了原有的装卸、转运功能外，还与供应链上的各企业之间进行协调，通过在港口腹地构建高效的物流体系，实现港口供应链在运输、贸易、保税、配送等环节的一条龙服务，扩展与原材料供应企业、制造企业、陆运企业、航运企业的合作空间，使港口供应链企业之间进行良好互动，从而实现互利共赢，提高整体的服务水平。

对于港口供应链协调与互动理论的研究，国外学者采用理论分析与数学模型结合的方法进行论证，提出了港口供应链的协调是创造供应链价值的关键因素之一。Horvath（2001）指出港口供应链运作中的协调与合作是创造供应链价值的关键因素。Carbone 等（2003）强调了港口在港口供应链协调互动中的重要作用，认为港口供应链的协调提升了整个供应链的服务水平。Bichoua（2014）提出了港口物流一体化和合作伙伴关系的基本理论，并通过模型对港口供应链的集成与优化进行评估。国内对于港口供应链协调与互动的研究起步相对较晚，对于港口供应链的协调理论、机制和策略研究较少。在经济发展新常态的背景下，我国正处于重要的战略机遇期，这对以港口为重要节点的贸易、物流等行业提出了更高要求。港口供应链应健全协调机制，强化协调战略，激发港口供应链蕴藏的活力，让优化港口供应链的结构、提高港口供应链的效率成为新的经济增长助力。

二、 港口供应链协调与互动的意义

港口供应链是典型的需要协调的系统。港口供应链的协调与互动具有重要意义。

第一，港口供应链中的各企业对于各个目标有着不同的标准，都更加趋向于实现自身局部利益的最大化，港口供应链的协调互动能够有效化解供应链企业间的矛盾与冲突，使供应链的整体利益得到有效保证。

第二，相对于传统的供应链来说，港口供应链更为复杂，港口供应链的协调与互动有助于供应链内部企业间的衔接，降低货物在港停留时间，实现对市场的快速响应，提高港口供应链的运作效率。

第三，港口供应链的协调和互动可以有效降低供应链在装卸、仓储、运输等环节的不确定性，使货主、代理、船公司及海关、商检等各方能够更好地协调一致，降低供应链管理带来的风险。所以，港口供应链各企业之间需要进行必要的协调与互动，及时交换计划信息，使各成员能有效掌控和确定供应链上各环节，从而降低供应链环节的不确定性，减少用户风险和成本。

三、 港口供应链协调的分类

港口供应链的协调可以从纵向协调和横向协调两个层面进行分类，如图 4.1 所示。纵向协调是指从原材料供应商开始，经过运输中转直至消费者的整个过程中各环节之间的协调。在这个层面上，将港口供应链划分为港口、各类服务供应商（包括装卸、加工、运输、仓储、报关、配送，甚至金融、商业服务等企业）、客户（付货人和船公司）三个主要部分。所以，港口供应链的协调可分为港口与各类服务供应商的协调、各类服务供应商与客户的协调、港口与客户的协调，以及这三部分自身的内部协调。

在港口供应链中，有着种类繁多、数量巨大的货物流，并伴随着信息交换以及资金流通。在这个层面上，可以将港口供应链协调分为物流协调、信息流协调和资金流协调。我们将其定义为横向协调。

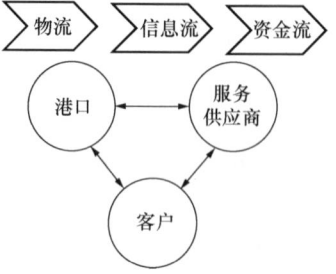

图 4.1　港口供应链协调的分类

1. 纵向协调
（1）集成化协调

集成化协调是在一定程度上将上下游企业纵向整合，将可以集成的子系统进行集成，重组成协调性相对较高的新系统，这样有利于提高管理效率，从而达到降低交易成本的目的。港口供应链的集成化协调，可以有效加强港口企业对运输、装卸、报关、仓储、加工、配送等全过程的控制和协调，确立港口企业的优势地位，实现整体利润的增加。港口供应链的集成化协调主要采用供应链计划和港口企业内的资源计划系统实施集成化计划和控制。由多个企业集成化的系统具有较高的决策权力来进行规划与协调。通过对集成化系统进行需求预测、库存计划、资源配置、设备管理、优化路径、生产作业计划、采购计划、人员安排等，实现供应链的协调管理。例如，日照港通过大宗商品交易中心整合近 300 家客户和物流、代理服务供应商，企业在供应链上下游的物流环节上无需任何操作，大大提高了供应链的运营效率。

在理论上，权力的相对集中可以在一定程度上实现整体利益的增值，然而这可能会对于个体企业的利益带来一定影响。在集成化协调模式中，港口企业需对上下游的其他企业拥有一定的管理权，可以实现整体较高的利益，但是因此而带来的风险也不可忽视。在集成化的协调下，港口企业将会通过增加投资和成本来实现集成化，这就意味着港口企业必须考虑到这一模式的盈利是否高于原有的利润水平，机会成本的增加对企业造成的风险不容忽视。然而集成化协调的初期，由于建设周期、管理成本等因素，短期内可能会使港口企业难以达到预期目标。所以，集成化协调须结合供应链的实际情况，充分认识当下经济形势，合理预估行业未来走势，从而实现协调的目的。

（2）契约化协调

考虑到集成化协调对个体企业可能带来的损失，以及短期内的不确定性风险，港口企业采用与其他企业之间订立长期交易契约。这一折中的方式可以在一定程度上加强供应链的协调，同时能有效解决集成化协调所带来的风险。这种模式的组织保证是一组存在于供应链上所有企业之间的正式或非正式的"关系型契约"。这种契约化协调可以有效抵御市场风险。例如，招商轮船与世界第一大铁矿石生产和出口商——淡水河谷公司签署了长达27 年的协议。此外，第二次世界大战过后日本很多企业的"零库存"模式从原理上就是基于这种契约化的协调，这种模式也为日本经济的崛起起到了作用。

（3）激励协调

建立激励机制是供应链协调的一项重要工作。协调的目的是总体利益的最大化，而激励则是聚焦于供应链中的个体企业。建立激励机制的目的在于利用一定的利益调节手段，根据供应链中不同企业的利益目标，使各企业按照整体增值的趋势进行运作。这一趋势的最终结果可能不能达到整体最优的目标，但是可以达到较优状态，而保证各企业的利益不低于过去。可以通过激励各企业信息透明、资源共享、相互合作来达到协调的目的。

2. 横向协调

（1）物流协调

物流协调是港口供应链协调的基本内容。物流协调包括港口供应链的运输能力、货物配送能力及港口供应链各物流环节的配合能力等方面。运输能力是港口供应链物流能力的重要构成要素，对港口供应链物流能力有直接影响，并可以间接反映港口供应链物流系统中运输机械的先进程度及运营人员的综合素质等。港口供应链物流系统的配送能力作为基本物流能力的构成要素，对港口供应链的运输效率有着重要影响。配送能力是用物流基础设施等硬件条件衡量。港口供应链各物流环节的配合能力对实现港口供应链物流成本的降低、物流系统资源优化配置以及物流系统的高效运转起到重要的支撑作用。

对港口供应链物流进行协调时，要对港口供应链物流系统的运输能力进行科学评估、配备，提高物流系统的作业效率与管理水平，增强港口供应链物流作业的标准化水平，根据实际情况对港口供应链物流基础设施进行升级，提高物流的运作效率。

（2）信息流协调

信息流协调是港口供应链协调的重要手段。港口供应链各环节、各企业之间既分工又合作，以保证供应链整体的高效运转。供应链各部分的相互连接的基础是供应链各节点港口企业的信息互动和共享。港口供应链上的各企业，只有通过信息透明化，使信息能够顺畅、高效地传递和共享，才能实现整体协调。所以说，信息流协调是港口供应链所有协调手段的基础和重要保障。

实现港口供应链的信息协调，应从信息透明化、信息追踪、信息标准化等方面着手建设。首先，港口供应链中的各企业都有自己内部的信息系统，但是供应链体系下，企业个体的信息系统中必然要与外部相互交流、共享。企业应处理好内部信息和与公开共享信息之间的关系，能为整条供应链带来效益的信息应无偿公开，实现共享，从而增加彼此的透明度，减少谈判与沟通成本，实现整体的增值效应。其次，港口供应链中的信息追踪对于实现供应链的协调也有重要意义。提高船舶船位信息、货源信息、仓储信息、运输车船信息等信息跟踪能力，也为实时控制物流过程提供了条件，并对供应链的预测提供一定的参考信息。例如，大连港退出了SaaS模式的"运抵系统平台"，涉及入港报关环节的物流企业只需上网就可办理相关业务，无需进行任何硬件、软件的投入，平台可自动获取码头接收的入港清单、实时完成信息的匹配、核对，提高了运营效率和客户体验。最后，信息的标准化对信息共享、信息交互过程中的技术支持提出了新要求。在统一规划和协调的基础上，应使标准统一化、平台接口规范化、收费合理化，最终提高信息处理能力和效率。标准化建设时要注意港口供应链各企业在编码以及系统上的兼容性，解决各部门、各企业系统间数据信息格式、规范及相互转换功能。

（3）资金流协调

在港口供应链的运行中无时无刻不伴随着资金的流动，所以供应链与资金链的关系紧密、相依相存。在港口供应链中，港口集团及一些商业巨头作为核心企业，具有规模大、实力强等优势，而供应链中的其他企业是指位于核心企业上游的供应商和下游的分销商，它们规模小、实力弱、可抵押的资产少。由于成员企业的资金约束，需要向商业银行进行贷款融资，而由于自身能力较弱、信用等级低等缺陷，银行可能不会放贷。此时，从整个供应链发展的角度考虑，对资金流进行协调，核心企业为成员企业提供担保，帮助成员企业从银行得到融资，最终提升整个供应链的竞争。例如，日照港外理公司利用第三方公正和港口现场监管的优势，积极开展了货物质押监管业务，满足了客户筹措资金需要和银行质押监管的需求，实现了银行、客户和港口的多方共赢。

第2节 港口供应链协调与互动的影响因素

一、 港口供应链协调与互动的影响因素分类

港口供应链中企业的自利行为、供应链内信息的不透明和不确定性增加，都会对供应链整体造成损害。供应链管理层可以通过分析提取供应链协调互动的影响因素，更加有针对性地找到改进方法，提高协调和互动能力。在港口供应链中，港口作为物流服务提供商，以及其他服务部门的平台，为供应链中的制造商、销售商等其他部门提供装卸、运输、仓储、增值等相关服务，因此也同样会受到商品生产和销售的影响。在分析港口供应链的协调影响因素时，要完整地对整个供应链进行剖析。通过分析、整理，可以将主要因素分为五大类：

1. 配备因素

在港口供应链物流系统中，传统物流能力的配备，如运输能力、配送和仓储能力、物流基础设施的先进程度及运营人员的综合素质等，对其物流能力起到基本支撑作用。其中物流基础设施是完善港口供应链的整体服务功能的基本条件，是物流系统有效作业管理需要的重要保障，同时也会影响到港口供应链物流服务质量以及物流能力的充分发挥。运输能力决定港口供应链物流系统整体效率的重要影响因素，运输能力的大小将直接影响着港口供应链整体的物流效率。另外，配送仓储能力以及保障物流系统高效、正常运作的员工职业素质也是物流能力的重要构成部分。

2. 运营因素

港口供应链物流系统的现代化运营水平对港口物流资源的有效配置和物流活动的顺畅运作有着重要的作用。资源和物流安排配置管理的经济性和合理性关系到整条供应链中各个物流环节的衔接。同时，港口供应链运行进程中的高水平运营能力能在一定程度上促使物流各子系统间的相互协作与配合，从而使港口供应链物流系统的整体物流能力得到提高。在港口供应链的现代化运营中，物流作业的标准化是重要基础和手段，是整个物流系统的协调功能发挥及其运作质量、效率得以保证的重要前提，也是物流活动中各个企业、各个环节协调性的体现。此外，由于物流活动需求的不确定性和波动性，港口供应链的协调会受到影响。所以建立及时可靠的物流信息采集、处理、调节系统是港口供应链物流系统的现代化管理水平的一个重要体现。港口供应链物流系统的现代化管理应积极促进物流能力及时、合理、充分地调整，从而提升港口供应链的整体运作效率

和实施效果。

3. 自利因素

港口供应链中，各企业在进行决策时，会将自身利益放在优先位置。港口供应链上下游的各企业，在仓储、运输、装卸等环节的交界处存在协调问题，而这种自利因素可能会对供应链中其他企业产生消极影响。当供应链中的企业均采取只对自己有利的决策，而不考虑港口供应链的整体效益，可能会削弱港口供应链的整体竞争力，从而使企业自身受到损失。例如，港口供应链中一个物流企业为了降低自身仓储压力，对上一物流节点的货物进行延时交接，这一措施降低了自身的成本与风险，但是对整个供应链的效率产生了负面影响。如果供应链中的各企业均受到自身最优化诱因的影响，整条供应链会产生连锁反应，甚至无法正常运转。对于供应链中一个功能部门的评价，也不能仅仅以利润的获取为唯一标准，否则将会放大这种自身利益最大化的诱因。

4. 业绩因素

企业一般都会基于一个月或一个季度的评估期，对员工进行业绩评估。对于港口供应链企业，业绩评估也是提高企业工作效率的重要管理方式之一。同时，这些企业也往往为了达成评估期内业绩而过度注重眼前利益，忽视长远的发展。作为服务型供应链，各企业提供其控制范围内的折扣来提高评估期内的"销售"，相当于透支了顾客的服务需求，这种行为增加了订单类型的不确定性，评估期结束前订单猛增，而到下个评估期开始，企业却很少有订单。此类问题将大大增加供应链企业货源的波动性，对港口供应链整体持续保持较高的效率具有负面影响。

5. 信息技术因素

港口企业在合适的时间利用正确的信息系统和通信工具来进行成员间的沟通，对港口企业之间的协调有着重要的影响作用。组织间的信息系统整合和管理可以降低组织之间调节矛盾的成本和冲突带来的风险，实现供应链的可持续的协调。而且在组织成员间发生利益纠纷时，能借助信息系统进行公正地分析和透明的资源分配。

港口企业通过建立信息系统，能够及时地获得与港口企业物流服务活动相关的物流信息，据此企业的内部程序就能实现最有效的运营。通过信息系统，港口供应链各企业在与客户以及合作伙伴的各项活动中，提高工作效率、剔除重复的无效沟通、加强成员之间的合作，以提升协调水平。港口供应链管理如果没有建立适合供应链企业成员的有效的信息系统，或各个港口供应链企业之间缺乏有效地信息运用，供应链的综合竞争力难以获得有效提升。

二、 减除消极影响的策略

影响港口供应链协调互动的因素多是由个体企业或者员工个人造成。因此，为减少港口供应链协调负面因素的影响，可采用强化港口供应链管理、制定港口供应链内协调互动中长期战略等方法。

1. 强化港口供应链管理

在系统层面上，港口供应链作为系统整体，可以通过建立有效机制对其各子系统进行治理。供应链各企业应摒弃"以企业为中心"的管理理念，强化港口供应链的整体管理思维，强调供应链各成员间的协调与合作，建立健全共担风险、共同获利、共享资源的供应链整体管理体制。例如，可以通过成立管理委员会，建立健全反馈机制，对协调过程中暴露出的问题进行提取、讨论，并制定相应策略，施行之后再进行反馈，通过循环往复，对供应链的协调起到润滑作用，使之可以高效、顺利运转，如图4.2所示。

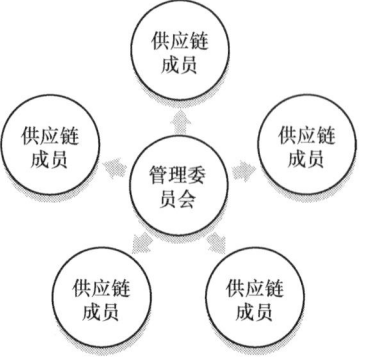

图 4.2 成立港口供应链管理委员会

在企业层面，加强员工的管理，带动员工积极性，提高员工综合素质，积极灌输供应链整体思维，强化员工的合作意识。企业自身完善员工薪资构成，建立科学的评价体系，注重服务质量和效率。另外，通过信息化治理模式，加强各企业员工之间的协调和对接，促进供应链企业员工的协调与合作。

2. 制定港口供应链协调互动的中长期战略

港口供应链中的各企业应建立与整条供应链相协调的中长期战略，切实解决各企业盲目追求个体利益、短期利益的问题，这对于供应链的整体、长期发展具有重要意义。

作为以港口为主导、以物流供应商为主体的系统，港口供应链协调互动的中长期战略应结合供应链的内部和外部的环境因素。港口供应链的内部环境主要指港口供应链各节点企业以及港口内部的发展现状，外部因素主要指港口经济腹地的竞争、各港口供应链服务水平的竞争以及战略合作等因素。港口供应链应充分认清自身的优势和劣势，分析潜在威胁和风险，把握机会，综合考虑内部和外部的各个因素，在复杂多变的经济形势下，依托供应链的优势，以港口为核心，延伸供应链的服务链条，加强总体规划，提高港口供应链的综合竞争力。

港口供应链协调互动的中长期战略还应与国家和地方的五年规划相适应，应充分明确国家的战略目标，在谋取自身利益的同时，积极响应国家的政策要求，努力协调优化自身结构，建立绿色低碳、安全高效的港口供应链，推动形成与我国国情相适应、与地方发展相协调的战略规划，彰显港口供应链的服务职能。

第3节　港口供应链协调与互动的战略选择

企业战略是指从上到下的整体性规划，随着经济社会的发展与时俱进，对于港口供应链，其自身内部各企业之间的协调与互动同样需要战略支持。将港口供应链看作系统整体，其协调与互动战略是系统整体内部具有互动的各子系统之间协作的总体规范。在实际运作过程中，港口供应链系统本身所具有的复杂性、动态性和不确定性，对港口供应链协调产生不利影响，这也是港口供应链协调与互动战略的意义所在。同时，港口供应链的协调互动战略也应伴随时代的发展不断进行调整，本节将对港口供应链协调和互动战略进行介绍，包括以下四部分：港口供应链合作伙伴战略、港口供应链纵向一体化战略、港口供应链整合战略、港口供应链治理战略。

一、 港口供应链协调互动战略的内涵

港口供应链协调互动战略是用于指导整个港口供应链的企业之间高效运作、获得最大整体利益和增强供应链整体竞争力的原则和规范。一方面，港口供应链协调互动战略明确了供应链协调的意义及方式，使供应链中各企业在共同战略的指导下进行协调合作；另一方面，在共同目标的规划下，港口供应链协调互动战略形成了各成员企业行为的基本准则，以达到整体利益最大化的目的。供应链协调战略是供应链各环节协调所需要遵守的总纲领，是实现供应链协同管理的重要基础。

港口供应链的各个业务环节（如产品研发、生产营运、市场营销、分销物流、客户服务环节）与各管理环节（如财务、人力资源、信息管理等）的战略应该具有适配性，保证彼此能够协同一致。港口供应链的协调战略应当突破供应链企业之间的壁垒，使得港口供应链各个节点企业的战略（如人力资源战略、营销战略、财务管理战略、运营战略等）与供应链战略保持一致。

二、 港口供应链协调互动战略

20 世纪 90 年代以来，随着科学技术的不断进步和全球化经济的飞速发展，企业在面对机遇的同时也面临着巨大的挑战。著名的供应链管理专家 David Andersen 指出，新时代的供应链战略就是供应链协调战略。对于港口供应链，协调互动战略是指港口、货主等企业成员通过采取合作、纵向一体化、信息资源整合以及有效的供应链治理措施对供应链全局进行中长期的规划和管理。协调互动战略从不同角度对港口供应链的协调发展进行把握和指导。港口供应链的合作伙伴战略、纵向一体化战略、整合战略和治理战略都是典型、有效的港口供应链战略，其共同目标是提升港口供应链的综合竞争力，同时它们又有着各自的侧重点。合作伙伴战略主要是港口供应链中的港口企业、货主、船公司、其他物流企业甚至金融机构等双方通过战略合作达到双赢；纵向一体化战略更强调产权问题，主要是货主、船公司和港口企业参股或者控股与自身有紧密业务联系的企业，从而获得一定的控制权，实现供应链的协调；整合战略主要强调企业内部或企业间的信息、资源等的收集、整理和组合；治理战略主要针对供应链企业成员的管理，保障其他战略得以顺利实施。它们各自的特点见表 4.1。

港口供应链协调互动战略分类及特点比较   表 4.1

港口供应链协调互动战略	具体对象	特 点
合作伙伴战略	港口供应链各企业成员	双方签署合作框架协议确立长期合作关系
纵向一体化战略	货主、船公司和港口	一方对单方或多方以产权为纽带进行控制
整合战略	以船公司和港口企业为主	船公司和港口进行内部整合，除此之外港口企业还对多方资源、信息等进行整合、协调
治理战略	各企业内部	强调对供应链企业成员的管理，对其他协调战略起润滑作用

1. 港口供应链合作伙伴战略

在市场竞争的日益激烈的情况下，供应链中各企业与其他成员通过采取密切合作的战略来增强协调、共担风险、共同获利，这种战略称为供应链合作伙伴战略。许多学者运用不同的理论去解释供应链合作伙伴关系的动因与形成的理论基础。交易成本理论认为，供应链合作伙伴可以分散公司发展新技术及进入新市场的风险，共同分担成本，获取规模经济，以达到成本最小化的目标。资源依赖理论认为，供应链合作伙伴对共同资源的依赖导致了不确定性，为降低不确定性，组织将降低对其他组织的依赖，达到价值的最大化。资源基础理论认为，若供应链中的公司无法单独获取竞争优势，则可与其他公司联盟以达到资源互补的目的。策略行为理论认为，供应链中的企业建立合作伙伴关系的动机，在于利用策略行为创造并维持竞争优势。

　　港口供应链的合作关系与传统的合作伙伴关系有着显著区别。港口供应链的战略合作关系形成于集成化供应链管理环境下，其基本出发点是在保证港口服务水平的前提下，降低总成本和库存水平、增强信息共享和信息交流程度，从而产生更大的竞争优势，以实现港口供应链各节点企业在信息、资金、服务效率和服务水平上的改善和提高。实施港口供应链合作关系就意味着港口同上下游企业在新产品和技术的开发、数据和信息的交换、市场机会共享和风险共担方面相一致。港口供应链中企业之间的合作伙伴关系与其传统的交易关系的区别见表4.2。

港口供应链合作伙伴关系与传统交易关系的区别　　　　　　　　　　表 4.2

对比项目	传统的交易关系	港口供应链的合作伙伴关系
选择原则	价格	多重标准
持续时间	短期或一次	长期
信息沟通	信息不共享	信息共享
计划和目标	个人的、短期的	参与性的、相互的、长期的
利益的分享	个人的	共享的
管理层面的支持	程度较低	广泛的、牢固的

　　现代港口供应链企业通过采取合作伙伴关系战略获得共赢，已成为港口供应链协调中重要的战略选择之一。例如，大连港集团与三星电子签订战略合作协议，借助现有的环渤海自有航线优势及密织的近洋、内贸航线服务网络，开通全新物流通道，带动了港口供应链相关企业的发展。唐山港和南京港签署合作框架协议，扩展集装箱航线合作，加强区域物流合作，建立港口航运信息共享机制，促进以两港为节点的供应链的协同发展。营口港与上海中谷海运集团有限公司签署精品航线战略合作协议，通过与国际国内大型物流企业的合作、交流，布局境内、境外物流节点，提高了各物流节点的协调水平。港口供应链的协调战略强化了供应链企业间的合作能力，港口通过与供应链中的港口企业、第三方物流企业以及供应商、经销商进行战略合作，发挥各自优势，强化了信息互动与交流，拓宽了经济市场，增强了整体的竞争力，在提高服务水平的基础上能够获取更大的利益。

2. 港口供应链纵向一体化战略

　　纵向一体化战略是指生产或经营过程相互衔接、紧密联系的企业实现一体化，是一种在生产、供销的两种不同方向上扩大企业生产经营规模的增长方式。传统的供应链局限在企业的内部操作层面上，注重企业自身的资源利用。对于港口供应链来说，各企业应围绕港口这一核心企业，通过对资金流、物流、信息流的控制，使港口供应链能在市场竞争中掌握主动，从而达到提高服务水平、增加整体利润的目的。港口供应链的纵向一体化是指以产权为纽带，通过自建、控股、参股等方式对上下游节点企业进行一定程度的控制的经济学行为，表现为强化港口主营业务的纵向协调与延伸。港口供应链需顺应纵向一体化的发展趋势，从而加强港口供应链的协调性，提升服务水平，丰富服务功能，提高整体收益。

港口供应链企业一旦实现纵向一体化模式，部分企业对供应链的整体控制能力会得到增强，在强化自身市场地位、降低企业交易成本及风险等方面具有显著优势。但这些优势的发挥有赖于相对稳定的市场环境。在全球经济一体化逐渐形成的今天，市场竞争的日益激烈以及顾客需求的不断变化，纵向一体化模式也暴露出了种种缺陷。港口供应链企业应当根据组成企业的实际情况，充分认清纵向一体化模式的优缺点，来选择是否采用纵向一体化模式。港口供应链纵向一体化的优缺点分别见表4.3和表4.4。

港口供应链的纵向一体化，需要通过对供应链内部因素以及外部环境因素进行综合分析，清醒认识纵向一体化的优势及缺陷，准确发现潜在的风险，充分认清自身内部结构与经济发展环境，紧紧抓住战略机遇，实现纵向一体化，提高港口供应链的综合竞争力。

纵向一体化优点分析 表 4.3

优点	原因分析
降低交易成本	当交易频繁发生并需要较大的交易专项投资的时候，或者投机行为可能发生进而交易成本提高的时候，纵向一体化会降低甚至避免这些交易成本的发生
降低风险	内部控制与协调常常与供应商的保障供应相关联。纵向一体化可以有效提高供应商保障能力，进而降低昂贵设施闲置浪费的风险
增强创新与识别能力	纵向一体化可以使企业更加接近客户和市场，更迅速或精确地调整产品特性、提供服务
利于交换信息和组织结构	纵向一体化可以使供应链企业需要更少的信息，进而降低交流成本，也有利于引进更有效、更专门的工艺规程和组织结构，以改进生产效率
利于改进市场地位	纵向一体化具有相当大的规模经济或集聚资本的要求，设置了进入与流动性障碍，这样有利于保护原有企业的利益

纵向一体化缺点分析 表 4.4

缺点	原因分析
分散资源	在联合生产或配送的各个阶段中，会出现改变运作规模的问题
过分依赖需求	为使纵向一体化有利可图，所耗费的大量投资需要由利润增长的来弥补，这依赖于较高的需求
降低灵活性	与独立供应商或购买者相比，产品设计和市场开发可能使产品或技术无法灵活变更
组织结构僵化	纵向一体化企业内部各阶段之间紧密相连的、受控的连接会产生无效的激励机制

港口供应链的纵向一体化战略根据主导的企业类型不同，可以分为货主的纵向一体化战略、船公司的纵向一体化战略和港口企业的纵向一体化战略。下面对这三种纵向一体化战略分别进行说明：

（1）货主的纵向一体化战略

货主的纵向一体化一般出现在资源运输市场上，例如，钢铁、石油等资源的运输。由于需要长期大量运输货物，货主通过自建码头、船队来实现纵向一体化，强化了在供应链中的控制，降低了协调成本。例如，上海宝钢公司需要长期大量进口铁矿石以及出口钢铁成品，公司有自建码头和船队。其中宝钢海运公司从事国际远洋运输，合资的宝强公司从事国内航运，企业还拥有马迹山港进行货物的转运。

（2）船公司的纵向一体化战略

船公司主要通过参与码头建设发展码头业务，实现纵向一体化。例如，中远从1990年前后就开始参与投资集装箱码头。经过二十余年的发展，码头业务已经成为中远纵向一体化的重要组成部分，形成了相当的规模。目前，中远在国内外已拥有30多个码头泊位，并跻身世界集装箱码头经营商的前列。国外的船公司也采用纵向一体化实现港口供应链的高效协调。马士基独资开发纽约——新泽西港，作为干线码头，并与不来梅港合资开发北港码头。

（3）港口企业的纵向一体化战略

在港口供应链中，港口企业通过在港区物流领域的拓展实现纵向一体化战略。近几年来，港口物流园区、工业园区数量的快速增长，使得港口需要拓展物流业务来强化供应链的协调，以满足客户的要求。例如，大连港通过环渤海开展航运物流业务，腹地范围已成功覆盖环渤海全境，极大提升了大连港在环渤海区域的影响力。

3. 港口供应链整合战略

港口供应链整合是在港口供应链企业的整体层面上，对信息、资源、功能等进行收集、整理、组合，从而实现供应链的资源信息共享和协同工作。港口供应链的整合管理，是为实现港口供应链上下游协调的根本目标，实施港口供应链资源整合的一种组织管理形式。港口供应链的整合与纵向一体化不同，它不涉及产权关系问题，而是通过信息整合以及功能、资源重组等过程，努力实现各节点企业之间的无缝连接，以提升港口供应链整体竞争力。港口供应链中，各企业可以建立信息整合平台实现与上下游企业在信息和资源上的整合，也可通过对企业内部不同业务部门进行整合，提高协调性。港口供应链中，港口企业和船公司的整合对于整条供应链综合竞争力的提升具有重要意义。船公司主要通过内部整合，提高自身运营效率，增强供应链的竞争力。港口企业除了自身通过整合提高服务水平和收益之外，还可以通过信息、资源整合，增强与货主、船公司及其他物流企业之间的协调性，基本涵盖港口供应链上下游的各环节。因此，本节主要从船公司和港口企业两方面的整合进行论述。

船公司企业通过整合提高协调性和运营效率，增强市场竞争力。马士基集团将旗下马士基石油的油轮业务、原属于马士基石油钻探的供给服务业务、专注物流的丹马士公司和经营拖轮业务的施维策公司进行整合，建立公司的第五大核心业务部门，并定名为"马士基服务与相关航运业务集团"。马士基集团的整合属于典型的港口供应链企业内部的整合，这种内部整合使资源、信息、管理能够更好进行协调，促进航运业务的高效发展，同时提升了整条港口供应链的竞争力。

港口企业通过港口供应链整合，降低物流成本、优化运作流程，有利于提高港口供应链管理水平。通过高层次的供应链整合，港口运营商可以确定并排除非增值活动，随之提高港口服务质量和交付能力的可靠性，为港口竞争力提供基础。完善港口整合目前已成为港口供应链管理的主要目标之一。针对不同的服务对象，应采取相应措施对港口运营企业进行优化和整合。港口运营企业通过与公路、航空、铁路、沿岸等多式联运企业建立运输整合关系，形成利益共同体，实现港口物流服务的进一步扩大；实施港口企业资源共享和优势互补，以低成本、准时运输来实现港口运输优化。港口运营企业通过有机协调使用内部和外部堆场、仓库的方式，对供应链的仓储功能进行整合。

4. 港口供应链治理战略

随着全球经济一体化进程的加快，需求的多样化和个性化使得港口供应链企业处于竞争日益激烈和更加复杂的市场环境。港口供应链企业必须具有快速响应市场变化的能力，能及时提供具有较强竞争力且适应市场需要的服务。这需要港口供应链企业制定切实有效的治理战略，对港口供应链内部企业进行治理，使港口供应链上的成员更好地进行互动与协调，在降低成本的同时提高客户的满意度，促进供应链中各成员的相互信任，有利于结成更为紧密的联盟来对快速变化的市场需求作出敏捷的反应。下面介绍几种对于港口供应链的协调常见且有效的治理战略：

(1) 柔性治理战略

柔性治理是一种"以人为中心"的人性化管理，它在研究人的心理和行为规律的基础上，采用非强制性方式，把组织意志变为个人的自觉行动。在供应链中，各企业成员作为构成供应链的单元，通过自上而下的方式，对各企业管理层、员工进行柔性治理战略，灌输信任、协调、合作的管理思想，增强供应链成员间的相互信任。对港口供应链中各企业而言，通过柔性治理建立紧密的合作关系，可以有效提高自身收益，增强整条供应链的竞争力。这就要求供应链中其他企业既要积极参与相关决策，同时也要对港口这一重要节点进行认可和信任，通过柔性治理增强系统思想，这样港口供应链的协调才会拥有切实的保障。

(2) 利益平衡治理战略

在港口供应链的环境下，虽然供应链上的各企业之间是相互合作的关系，但是各企业需要寻求一定程度上的利益平衡。利益平衡的关键就是供应链利润在所有企业间的分配。

利益平衡对企业有较大影响，合理的利润分配能提高企业的积极性，不合理的利益分配会对企业的积极性产生消极影响。港口供应链中利益的合理分配对各企业间的合作具有促进作用。但是利益平衡治理相对来说施行难度较大，并且使整个供应链系统具有较强的敏感性。一旦港口供应链对各企业采用利益平衡治理，当某些企业对机制政策存在异议，会深化企业间的利益矛盾，降低企业的积极性，使得企业间的合作难以进行。所以利益平衡的关键就在于策略的制定是否能平衡各方利益，使港口供应链中的企业达到共赢，使港口供应链成为港口"共赢链"。

(3) 淘汰机制治理战略

淘汰机制是一种负激励机制。淘汰机制治理战略的实施可以使港口供应链一直处于较高的整体水平，港口供应链内部的淘汰机制可以有效预防自身的低效，从而提高自身竞争力，避免被市场淘汰。"物竞天择，适者生存"，淘汰弱者是市场经济重要规律之一，所以说淘汰机制不管对港口供应链的企业成员，还是对港口供应链整体来说都具有积极促进作用。

　　淘汰机制是在供应链系统内形成的一种危机激励机制。港口供应链中的企业成员努力发展自己的同时，也要积极承担系统整体赋予的责任和义务。在某种意义上来说，淘汰机制有助于其他治理战略的施行，可以约束港口供应链中各企业的行为，对于危害供应链整体利益的企业具有威慑作用，保证了港口供应链的顺畅、稳定运转。

第4节　港口供应链协调与互动的绩效评价

一、港口供应链协调与互动的绩效评价指标体系

　　对于传统的供应链协调绩效评价，国内外已取得一定的研究成果。刘永胜（2003）提出了供应链协调绩效评价的概念，并从战略、规划、运作三个层面构建了供应链协调绩效评价框架体系。Simatupang（2005）从信息共享、协同决策和激励战略三个方面建立了供应链协调绩效指标函数，为计算供应链协调程度提供了理论依据。周淑华（2005）从物流、资金流、信息流和柔性四个方面建立了供应链协调绩效评价指标体系，并使用量化计算方法进行评价。Arshinder（2009）通过利用决策支持工具和图论模型来评价供应链的协调性。尤月（2010）针对农产品提出了系统协调绩效评价指标体系设计原则，建立了系统协调绩效评价指标体系，并通过计算进行定量描述。

　　本节将在传统供应链的基础上，结合港口供应链的特点，通过港口协调弹性指标、港口集疏运协调指标、港口与上下游企业协调指标、港口供应链辅助服务协调指标四个子指标系统对港口供应链的协调绩效进行评价。

　　港口作为港口供应链的重要中转点，其自身协调能力对港口供应链的协调发挥着重要作用。港口弹性协调指标是描述港口自身协调能力的指标，包括航道数量、锚地数量、生产性泊位数量、泊位通过能力和主营仓储物流企业数量。其中航道、锚地数量反映了船舶进出港口的协调能力，泊位数量、泊位通过能力确定港口装载和卸载货物的能力，主营仓储物流企业数量反映了港口仓储和输运的能力。当某时段入港船舶及货物激增时，港口弹性协调能力发挥作用，为船舶高效入港、装卸提供重要保障，使港口供应链上下游环节可以按时、顺利进行，从而提高港口供应链整体的协调性。

　　港口集疏运协调指标是描述集中与疏散港口货物的服务性交通运输指标，紧密连接了港口供应链上下游环节，使上下游相互衔接，实现运输的高效运转。港口集疏运协调指标包括海铁联运量、水水中转量、疏港高速公路数量、港区铁路线数量和班轮航线数量。海铁联运是指是进出口货物由铁路运到沿海海港直接由船舶运出，或是货物由船舶运输到达沿海海港之后由铁路运出的只需"一次申报、一次查验、一次放行"就可完成整个运输过程的运输方式。水水中转是指货物直接在水上中转，实现货物从小吨位轮船直接转到大吨位轮船，从而提高运输效率及效益的运输方式。疏港高速公路、港区铁路对疏散港口货物起到协调作用，班轮航线对集装箱的国际中转起到协调和保障作用。

　　港口与上下游企业协调指标描述了港口与上下游供应链企业的协调情况，包括与船公司合资经营集装箱泊位数、对合营企业长期股权投资、对联营企业长期股权投资和担保非子公司金额。港口企业通过与船公司进行合资经营泊位，实现了港口企业与船公司

的合作与有机联结，有利于港口网络与世界航运的协调互动。港口企业对合营企业、联营企业进行长期股权投资，实现港口与供应链企业的纵向一体化，从而促进供应链的协调。

港口供应链辅助服务协调指标用于评价为航运业提供中介、物流等服务的海运辅助业、水运服务业的发展情况，包括港口服务企业（无码头）企业比例、船舶代理企业数量、船舶管理企业数量、无船承运企业以及货运代理企业。它们在货物流转、船舶代理、船舶管理等方面提供服务，为航运业的发展起到了协调保障的作用。

在港口供应链中，结合以上特点，港口供应链协调评价指标体系如表4.5所示。

港口供应链协调绩效评价指标体系 　　　　　　　　　　　　　表4.5

系统	子系统	评价指标
港口供应链协调绩效评价指标体系	港口协调指标（弹性协调指标）	航道数量（个）
		锚地数量（个）
		生产性泊位数量（个）
		泊位通过能力（万吨）
		主营仓储物流企业数量（个）
	港口集疏运协调指标	海铁联运量（万标箱）
		水水中转量（万标箱）
		疏港高速公路数量（条）
		港区铁路线数量（条）
		班轮航线数量（条）
	港口与上下游企业协调指标	与船公司合资经营集装箱泊位数（个）
		对合营企业长期股权投资（亿元）
		对联营企业长期股权投资（亿元）
		担保非子公司金额（亿元）
	港口供应链辅助服务协调指标	港口服务企业（无码头）比例
		船舶代理企业数量（个）
		船舶管理企业数量（个）
		无船承运企业数量（个）
		货运代理企业数量（个）

二、 港口供应链协调与互动的绩效评价方法

港口供应链协调和互动的绩效评价指标体系的优势在于所有的评价指标都可进行定量描述，保证了指标本身的客观性，增强了评价体系的可信度。本节介绍基于比重的熵权——层次分析法（WAE）对港口供应链协调进行绩效评价。

1. 评价指标的标准化

港口供应链协调和互动的绩效评价是一个多指标的综合评价，其中涉及两个变量，分别为各评价指标的实际值和评价值。由于各评价指标物理含义的不同，因此使用该指标体系对目标进行综合评价时，须首先对各指标进行标准化，即使用数学变换消除原始变量量

纲的影响。评价指标的标准化常见的方法有阈值法、标准化法、比重法、非线型标准化法等。

（1）阈值法

阈值法是用指标实际值与阈值相比以得到指标评价值的无量纲化方法。常用算法见式4.1和4.2。

$$y_i = \frac{x_i}{\max\limits_{1 \leqslant i \leqslant n} x_i} \tag{4.1}$$

$$y_i = \frac{\max\limits_{1 \leqslant i \leqslant n} x_i - x_i}{\max\limits_{1 \leqslant i \leqslant n} x_i - \min\limits_{1 \leqslant i \leqslant n} x_i} \tag{4.2}$$

（2）标准化法

对多组不同量纲数据进行比较时，可以借助于统计学中的标准化方法来消除数据量纲的影响。标准化公式见式4.3。

$$y_i = \frac{x_i - \bar{x}}{s} \tag{4.3}$$

上式中：

$$x = \frac{1}{n} \sum_{i=1}^{n} x_i$$

$$s = \sqrt{\frac{1}{n-1} \sum_{i=1}^{n} (x_i = \bar{x})^2}$$

（3）比重法

比重法是将实际值转化为它在指标总和中所占的比重，计算方法见式4.4。

$$y_i = \frac{x_i}{\sqrt{\sum_{i=1}^{n} x_i^2}} \tag{4.4}$$

（4）非线性标准化方法

常见的非线性标准化方法有折线型标准化方法和曲线形标准化方法，受评价对象阶段性的发展水平影响较大，需具体问题具体分析。

不同的标准化方法对评价指标的处理结果互不相同，标准化方法应根据具体指标数值的性质、特点以及评价目标的倾向进行综合选择。

2. 层次分析法（AHP）

层次分析法（The Analytic Hierarchy Process，AHP）是美国运筹学家托马斯·塞蒂在20世纪70年代初提出的，是一种定性与定量相结合的决策分析方法。通过这种方法，决策者将综合问题分解为多个层次，对各因素进行比较得到比较矩阵，并通过计算得到不同方案的权重。

AHP算法的基本过程分为如下六个基本步骤：

（1）明确问题。即明确问题的含义、所包含的影响因素、各因素间的关系等，以掌握充分的信息。

（2）建立层次结构。在本步骤中，要将影响目标的因素分组，同样可将各因素再分层细化，按照目标层、中间层以及最低层的形式进行排列。如果某一个元素与下一层的所有元素均有联系，则称这个元素与下一层次存在有完全层次的关系；如果某一个元素只与下一层的部分元素有联系，则称这个元素与下一层次存在有不完全层次关系。

（3）构造判断矩阵。判断矩阵表示针对上一层次中的某元素而言，评定该层次中各有关元素相对重要性的状况。设有 n 个指标，$\{A_1, A_2, \cdots, A_n\}$，$a_{ij}$ 表示 A_i 相对于 A_j 的重要程度判断值。a_{ij} 一般取 1、3、5、7、9 这 5 个等级标度，1 表示 A_i 与 A_j 同等重要；3 表示 A_i 较 A_j 重要一点；5 表示 A_i 较 A_j 重要得多；7 表示 A_i 较 A_j 更重要；9 表示 A_i 较 A_j 极端重要。

以矩阵形式表示为判断矩阵：
$$A = \begin{bmatrix} \dfrac{w_1}{w_1} & \cdots & \dfrac{w_1}{w_n} \\ \vdots & \ddots & \vdots \\ \dfrac{w_n}{w_1} & \cdots & \dfrac{w_n}{w_n} \end{bmatrix}$$

显然，对于任何判断矩阵都满足：

$$a_{ij} = \begin{cases} 1 & i = j \\ \dfrac{1}{a_{ij}} & i \neq j \end{cases} \quad (i, j = 1, 2, \cdots, n)$$

（4）层次单排序。层次单排序的目的是对于上层次中的某元素而言，确定本层与下层元素重要性的次序。若权重向量 $w = [w_1, w_2, \cdots, w_n]^T$，则有 $AW = \lambda W$。从而层次单排序转化为求解判断矩阵的最大特征值 $\lambda_{\max}$ 和它所对应的特征向量。为了检验判断矩阵的一致性，需要计算它的一致性指标 $CI = \dfrac{\lambda_{\max} - n}{n - 1}$。当 $CI = 0$ 时，判断矩阵具有完全一致性；CI 越大，判断矩阵的一致性就越差。对于 2 阶以上的判断矩阵，其一致性指标 CI 与同阶的平均随机一致性指标 RI 之比，称为判断矩阵的随机一致性比例，记为 CR。当 $CR = \dfrac{CI}{RI}$ < 0.10 时，认为判断矩阵具有令人满意的一致性；$CR \geqslant 0.10$ 时，需要调整判断矩阵，直到满意为止。平均随机一致性指标 RI 见表 4.6。

平均随机一致性指标 *RI*　　　　　　　　　　　　　　表 4.6

阶数	1	2	3	4	5	6	7
RI	0	0	0.58	0.90	1.12	1.24	1.32

（5）层次总排序。利用同一层次中所有层次单排序的结果，可计算针对上一层次而言的本层次所有元素的重要性权重值，称为层次总排序。层次总排序需要从上到下逐层顺序进行。对于最高层，其层次单排序就是其总排序。若上一层次所有元素层次总排序已经完成，得到的权重值分别为 $a_1, a_2, \cdots, a_m$ 与 a_j 对应的本层次元素 $B_1, B_2, \cdots, B_n$ 的层次单排序结构为 $[b_1^j, b_2^j, \cdots, b_n^j]^T$。得到的层次总排序见表 4.7。

层次 A / 层次 B	A_1 a_1	A_2 a_2	...	A_m a_m	B层次的总排序
B_1	b_1^1	b_1^2	...	b_1^m	
B_2	b_2^1	b_2^2	...	b_2^m	$\sum\limits_{j=1}^{m} a_j b_1^j$
$\vdots$	...	...	...	...	
B_n	b_n^1	b_n^2	...	b_n^m	$\sum\limits_{j=1}^{m} a_j b_2^j \ \sum\limits_{j=1}^{m} a_j b_n^j$

（6）一致性检验。为了评价层次总排序的计算结果的一致性，类似于层次单排序，也需进行一致性检验。

$$CI = \sum_{j=1}^{m} a_i CI_j \tag{4.5}$$

$$RI = \sum_{j=1}^{m} a_j RI_j \tag{4.6}$$

$$CR = \frac{CI}{RI} \tag{4.7}$$

3. 熵权修正法

熵是系统无序程度的一个度量，如果指标的熵越小，该指标提供的信息量越大，在综合评价中所起作用越大，权重就应适当提高。熵值的计算步骤如下：

（1）使用标准化方法得到归一化评价指标矩阵

$$X'_{ij} = \begin{bmatrix} x'_{11} & x'_{12} & \cdots & x'_{1n} \\ x'_{21} & x'_{22} & \cdots & x'_{2n} \\ \vdots & \vdots & \vdots & \vdots \\ x'_{m1} & x'_{m2} & \cdots & x'_{mn} \end{bmatrix}$$

（2）确定各项指标的比重 z_{ij}

（3）计算评价指标的熵权值

$$H(x_j) = -k \sum_{i=1}^{n} z_{ij} \ln z_{ij}, \quad j = 1, 2, \cdots, m \tag{4.8}$$

其中，k 为调节系数，$k = 1/\ln n$；z_{ij} 为第 i 个评价单元第 j 个指标标准化值。

（4）计算差异系数

给定的 $H(x_j)$ 越大，因素评价值的差异性越小，则该因素在综合评价中所起的作用越小。定义差异系数 $G_i = 1 - H(x_j)$，则当因素 G_i 越大时，因素越重要。

（5）将评价指标的熵值转化为权重值，计算方法见式4.9。

$$d_j = \frac{G_i}{m - \sum\limits_{j=1}^{m} H(x_j)} \quad j = 1, 2, \cdots, m \tag{4.9}$$

其中：$0 \leqslant d_j \leqslant 1, \sum\limits_{j=1}^{m} d_j = 1$；

（6）使用熵值对层次分析法得到的权重进行修正，见式4.10。

$$w'_j = (1 + d_j) w_j \tag{4.10}$$

（7）计算最终绩效评价值，见式 4.11。

$$U_j = \sum_{i=1}^{n} w'_{ij} y_{ij} \tag{4.11}$$

三、 供应链协调与互动的绩效评价实例

根据构建的港口协调与互动的绩效评价指标体系以及具体指标，采用基于比重的熵权——层次分析法（WAE）对港口供应链协调进行绩效评价，即通过对标准化方法进行比较，选用比重法（WM）对数据标准化，利用层次分析法（AHP）确定各指标的权重，并使用熵值法（EWM）对各指标权重进行修正，最终得到港口协调与互动的绩效评价。

1. 实例，港口供应链协调与互动绩效评价指标

本节选取某港口供应链近几年中可得数据的五年，以年份的先后顺序进行编号，以其协调能力为目标，利用 4 个子系统和 19 个指标进行绩效评价，评价指标见表 4.8。

实例港口供应链某五年协调与互动绩效评价指标　　　　　　　　表 4.8

子系统	评价指标 ＼ 评价对象	1	2	3	4	5
港口协调指标 U1	航道数量（个）U11	7	7	7	7	7
	锚泊能力数量（个）U12	5	5	5	5	5
	生产性泊位数量（个）U13	87	82	88	93	93
	泊位通过能力/万吨 U14	13831	16791	17498	14952	14952
	主营仓储物流企业数量（个）U15	19.75	20	14	12	33
港口集疏运协调指标 U2	海铁联运量/万标箱 U21	23.5	25.3	36.2	29	32
	水中转量/万标箱 U22	28.7	36.1	92.5	340.2	370
	疏港高速公路数量（条）U23	4	4	4	7	7
	港区铁路线数量（条）U24	183	183	183	195	201
	班轮航线数量（条）U25	83	85	94	106	110
港口与上下游企业协调指标 U3	与船公司合资经营集装箱泊位数（个）U31	13	13	14	14	14
	对合营企业长期股权投资（亿元）U32	8.9	16.3	17.3	23.4	25.6
	对联营企业长期股权投资（亿元）U33	9.5	4.7	14.7	15.6	21.8
	担保非子公司金额（亿元）U34	0.5	4.6	1.2	1.2	2.7
港口供应链辅助服务协调指标 U4	港口服务企业比例 U41	0.25	0.21	0.12	0.19	0.48
	船舶代理企业数量（个）U42	154	168	165	145	145
	船舶管理企业数量（个）U43	36	37	43	40	61
	无船承运企业数量（个）U44	75	128	122	134	148
	货运代理企业数量（个）U45	378	320	262	309	361

（左侧纵向大标题：港口供应链协调绩效评价指标体系）

2. 评价指标的标准化

评价指标的标准化有多种方法，针对不同问题应选择最适合的方法，以使最终的绩效评价更加科学合理。通过对该港口供应链协调与互动的评价指标数值进行初步分析，发现所有的评价指标均与最终的评价结果呈正相关，即评价指标数值的增大会对该港口供应链

的协调起促进作用。有些指标在不同年份之间变化较小，并且期望得到的标准化指标在0和1之间。基于以上特点，本节初步选取阈值法（TVM）和比重法（WM）对该港口供应链协调与互动绩效评价指标进行标准化。它们的具体计算方法已在上节进行过描述，计算结果见表4.9。

TVM/WM 标准化方法对比

表 4.9

指标 \ 评价对象	1	2	3	4	5
U11	0.45/0.50	0.45/0.50	0.45/0.50	0.45/0.50	0.45/0.50
U12	0.45/0.50	0.45/0.50	0.45/0.50	0.45/0.50	0.45/0.50
U13	0.44/0.45	0.41/0	0.44/0.55	0.47/1.00	0.47/1.00
U14	0.39/0	0.48/0.81	0.50/1	0.43/0.31	0.43/0.31
U15	0.42/0.37	0.42/0.38	0.30/0.10	0.25/0	0.70/1
U21	0.36/0	0.38/0.14	0.55/1	0.44/0.43	0.48/0.67
U22	0.06/0	0.07/0.02	0.18/0.19	0.66/0.91	0.72/1
U23	0.33/0	0.33/0	0.33/0	0.58/1	0.58/1
U24	0.43/0	0.43/0	0.43/0	0.46/0.67	0.48/1
U25	0.39/0	0.40/0.07	0.44/0.41	0.49/0.85	0.51/1
U31	0.43/0	0.43/0	0.46/1	0.46/1	0.46/1
U32	0.21/0	0.38/0.44	0.40/0.50	0.54/0.87	0.60/1
U33	0.29/0.28	0.15/0	0.45/0.58	0.48/0.64	0.67/1
U34	0.09/0	0.82/1	0.21/0.17	0.21/0.17	0.48/0.54
U41	0.40/0.36	0.33/0.25	0.19/0	0.31/0.21	0.77/1
U42	0.44/0.39	0.48/1	0.47/0.87	0.42/0	0.42/0
U43	0.36/0	0.37/0.04	0.43/0.28	0.40/0.16	0.62/1
U44	0.27/0	0.46/0.75	0.44/0.64	0.48/0.81	0.53/1
U45	0.51/1	0.44/0.50	0.36/0	0.42/0.41	0.49/0.85

由 TVM 和 WM 标准化方法的对比结果可知，TVB 方法的计算结果更侧重于数据之间的差异性，但忽略了数据的基数以及与研究年份的对比；WM 方法的计算结果更侧重于数据在各年份的比重值，但相对于 TVB 来说弱化了数据的变化对结果带来的影响。为使结果既能反映数据在各年份中的情况，又能突出数据的差异性，本节采取 WM 进行标准化，并对权重使用熵值进行修正的方法来解决这一问题。

3. 评价指标的权重

（1）使用 AHP 求解指标权重

使用层次分析法（AHP）对该港口供应链协调与互动绩效评价指标的权重进行求解。根据该港口供应链协调与互动绩效评价指标体系，通过问卷调查并对调查结果进行统计和处理，得到层次分析法中各层指标的判断矩阵。结合该港口供应链协调判断矩阵，计算出各指标的权重并进行一致性检验。

该港口供应链协调二级指标的判断矩阵见表4.10。

供应链协调二级判断矩阵

表 4.10

U	U1	U2	U3	U4
U1	1.00	0.20	0.20	0.33
U2	5.00	1.00	1	1.67
U3	5.00	1.00	1	1.67
U4	3.00	0.60	0.60	1.00

供应链港口协调指标、港口集疏运协调指标、港口与上下游企业协调指标、港口供应链辅助服务协调指标的判断矩阵分别见表 4.11～4.14。

港口协调指标判断矩阵

表 4.11

U1	U11	U12	U13	U14	U15
U11	1.00	1.00	3.00	3.00	0.60
U12	1.00	1.00	3.00	3.00	0.60
U13	0.33	0.33	1.00	1.00	0.20
U14	0.33	0.33	1.00	1.00	0.20
U15	1.67	1.67	5.00	5.00	1.00

港口集疏运协调指标判断矩阵

表 4.12

U2	U21	U22	U23	U24	U25
U21	1.00	1.00	3.00	3.00	1.00
U22	1.00	1.00	3.00	3.00	1.00
U23	0.33	0.33	1.00	1.00	0.33
U24	0.33	0.33	1.00	1.00	0.33
U25	1.00	1.00	3.00	3.00	1.00

港口与上下游企业协调指标判断矩阵

表 4.13

U3	U31	U32	U33	U34
U31	1.00	3.00	3.00	3.00
U32	0.33	1.00	1.00	1.00
U33	0.33	1.00	1.00	1.00
U34	0.33	1.00	1.00	1.00

港口供应链辅助服务协调指标判断矩阵

表 4.14

U4	U41	U42	U43	U44	U45
U41	1.00	3.00	3.00	3.00	3.00
U42	0.33	1.00	1.00	1.00	1.00
U43	0.33	1.00	1.00	1.00	1.00
U44	0.33	1.00	1.00	1.00	1.00
U45	0.33	1.00	1.00	1.00	1.00

使用 MATLAB 对各指标的权重进行计算，并进行一致性检验；经计算，判断矩阵 CR 值均小于 0.1，各指标权重见表 4.15。

供应链协调与互动绩效评价指标的权重 表 4.15

	子系统	评价指标	AHP 法权重
港口供应链协调绩效评价指标体系	U1	U11	0.0165
		U12	0.0165
		U13	0.0055
		U14	0.0055
		U15	0.0275
	U2	U21	0.0974
		U22	0.0974
		U23	0.0325
		U24	0.0325
		U25	0.0974
	U3	U31	0.1786
		U32	0.0595
		U33	0.0595
		U34	0.0595
		U41	0.0918
	U4	U42	0.0306
		U43	0.0306
		U44	0.0306
		U45	0.0306

（2）使用熵权值修正权重

通过 AHP 得到了该港口供应链协调与互动绩效评价指标的权重，现通过熵权法对求得的权重进行修正。

计算第 i 年的第 j 个指标的比重，然后使用公式 $H(x_j) = -k \sum_{i=1}^{n} z_{ij} \ln z_{ij}$ 计算第 j 个指标的熵权值，其中 $k = 1/\ln n$。计算结果见表 4.16。

熵权法比重 z_{ij} 和 $H(x_j)$ 计算结果 表 4.16

指标	z_{ij}					$H(x_j)$
	1	2	3	4	5	
U11	0.2	0.2	0.2	0.2	0.2	1.0000
U12	0.2	0.2	0.2	0.2	0.2	1.0000
U13	0.1964	0.1851	0.1987	0.2099	0.2099	0.9993
U14	0.1773	0.2152	0.2243	0.1916	0.1916	0.9977
U15	0.2	0.2025	0.1418	0.1215	0.3342	0.9598

指标	z_{ij}					$H(x_j)$
	1	2	3	4	5	
U21	0.160959	0.1733	0.2479	0.1986	0.2192	0.9924
U22	0.033084	0.0416	0.1066	0.3921	0.4265	0.7545
U23	0.153846	0.1539	0.1539	0.2692	0.2692	0.9758
U24	0.193651	0.1937	0.1937	0.2064	0.2127	0.9995
U25	0.17364	0.1778	0.1967	0.2218	0.2301	0.9960
U31	0.191176	0.1912	0.2059	0.2059	0.2059	0.9996
U32	0.097268	0.1781	0.1891	0.2557	0.2798	0.9656
U33	0.1433	0.0709	0.2217	0.2353	0.3288	0.9358
U34	0.049	0.4509	0.1177	0.1177	0.2647	0.8465
U41	0.2	0.1666	0.0949	0.1550	0.3836	0.9322
U42	0.1982	0.2162	0.2124	0.1866	0.1866	0.9988
U43	0.1659	0.1705	0.1982	0.1843	0.2811	0.9872
U44	0.1236	0.2109	0.2010	0.2208	0.2438	0.9859
U45	0.2319	0.1963	0.1607	0.1896	0.2215	0.9950

计算差异系数 $G_i = 1 - H(x_j)$，并使用公式 $d_j = \dfrac{G_i}{m - \sum\limits_{j=1}^{m} H(x_j)}$ 将评价指标的熵值转

化为权重值。使用熵值对层次分析法得到的权重进行修正。各指标的熵值及修正后的权重见表 4.17。

各指标的熵值及最终权重 表 4.17

指 标	AHP	熵 值	最 终 权 重
U11	0.0165	0.0000	0.0165
U12	0.0165	0.0000	0.0165
U13	0.0055	0.0010	0.0055
U14	0.0055	0.0034	0.0055
U15	0.0275	0.0593	0.0291
U21	0.0974	0.0112	0.0985
U22	0.0974	0.3619	0.1326
U23	0.0325	0.0357	0.0337
U24	0.0325	0.0007	0.0325
U25	0.0974	0.0059	0.0980
U31	0.1786	0.0006	0.1787
U32	0.0595	0.0508	0.0625
U33	0.0595	0.0946	0.0652
U34	0.0595	0.2263	0.0730

指　　标	AHP	熵　　值	最　终　权　重
U51	0.0918	0.0999	0.1010
U52	0.0306	0.0018	0.0307
U53	0.0306	0.0189	0.0312
U54	0.0306	0.0208	0.0312
U55	0.0306	0.0073	0.0308

（3）供应链协调与互动绩效评价结果

对该港口供应链协调与互动的评价指标进行标准化，并求得各评价指标的修正权重，最后使用公式 $U_j = \sum\limits_{i=1}^{n} w'_{ij} y_{ij}$ 对该港口供应链协调与互动的最终绩效评价值进行计算。最终绩效评价值的计算见表 4.18 及图 4.3。

港口供应链五年内协调与互动最终绩效评价值的计算　　　　　　表 4.18

指　　标	权　　重	评　价　目　标				
		1	2	3	4	5
U11	0.0165	0.0074	0.0074	0.0074	0.0074	0.0074
U12	0.0165	0.0074	0.0074	0.0074	0.0074	0.0074
U13	0.0055	0.0024	0.0023	0.0024	0.0026	0.0026
U14	0.0055	0.0022	0.0026	0.0028	0.0024	0.0024
U15	0.0291	0.0122	0.0124	0.0087	0.0074	0.0204
U21	0.0985	0.0350	0.0377	0.0539	0.0432	0.0477
U22	0.1326	0.0074	0.0093	0.0239	0.0879	0.0956
U23	0.0337	0.0111	0.0111	0.0111	0.0195	0.0195
U24	0.0325	0.0141	0.0141	0.0141	0.0150	0.0155
U25	0.0980	0.0378	0.0387	0.0428	0.0483	0.0501
U31	0.1787	0.0763	0.0763	0.0822	0.0822	0.0822
U32	0.0625	0.0130	0.0237	0.0252	0.0341	0.0373
U33	0.0652	0.0191	0.0095	0.0296	0.0314	0.0439
U34	0.0730	0.0065	0.0598	0.0156	0.0156	0.0351
U51	0.1010	0.0406	0.0338	0.0192	0.0314	0.0778
U52	0.0307	0.0136	0.0148	0.0145	0.0128	0.0128
U53	0.0312	0.0113	0.0116	0.0135	0.0126	0.0192
U54	0.0312	0.0085	0.0144	0.0138	0.0151	0.0167
U55	0.0308	0.0159	0.0134	0.0110	0.0130	0.0152
评价值		0.3417	0.4004	0.3991	0.4892	0.6085

由该港口供应链协调与互动绩效评价结果可得，近几年该港口供应链整体的协调与互动水平逐步上升，编号 3 较前一编号年份的协调互动水平有所下降。通过各指标的对比发

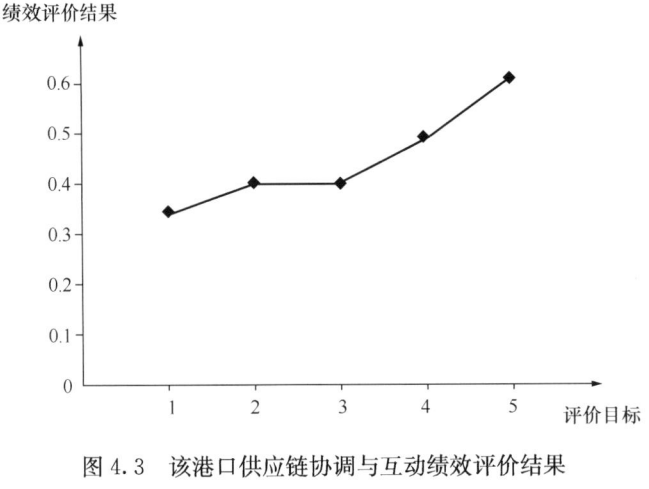

图 4.3　该港口供应链协调与互动绩效评价结果

现，其下降的主要原因是主营仓储物流企业数量、对联营企业长期股权投资、港口服务企业比例以及货运代理企业数量较前一编号年份有所降低。综合评价指标和结果可得，为加强供应链的协调与互动能力，该港口应发挥自身重要作用，利用节点枢纽优势，在增强港口基础设施建设的基础上，强化与上下游企业的连接，完善集疏运体系，提高多式联运水平，结合纵向一体化、协同合作等战略，增强港口供应链的协调互动能力。

第 5 章　港口供应链的竞合关系

港口供应链竞合是以港口为核心的供应链中的企业采用竞争与合作兼顾等策略实现企业的长远发展。在贸易全球化、货物集装箱化和船舶大型化、航运联盟和区域港口整合等背景下，港口企业、班轮公司等港口供应链核心企业竞争不断加剧，船代、货代等港口供应链企业也纷纷采取措施，降低激烈竞争环境对企业造成的利润损益。港口供应链中的企业必须寻求新的合作方式提升自身实力，港口供应链的竞合发展形势应运而生。

本章阐述了竞合以及供应链竞合的内涵，分析了港口供应链竞合的背景，对港口供应链的不同形态进行论述，引出了港口供应链竞合的相关理论。在此基础上，基于改进 Hotelling 博弈模型构建港口群内港口企业的定价模型，分析了港口群内新建港口的竞合策略。

第 1 节　港口供应链的竞合概述

一、竞合的概念

竞合的基本理念是基于博弈论的对企业竞争的扩展，其主要思想发源于对非合作博弈的扩展。博弈论是对理性决策者的矛盾和合作的数学模型的研究，目前已广泛应用于经济学、政治学、心理学和计算机科学等领域。数学家约翰·冯纽曼（John von Neumann）和经济学家奥斯卡·摩根斯坦（Oskar Morgenstern）于 1944 年所著的《博弈论与经济行为》（Theory of Games and Economic Behavior）提出多参与人的合作博弈，以及约翰·纳什（John Forbes Nash）在非合作博弈论中的贡献。

"竞合"（co-opetition）一词是竞争（competition）和合作（cooperation）的组合词。诺威（Novell）公司前任 CEO 雷·罗诺达（Ray Noorda）最早创造出 "co-opetition" 的概念，描述企业间竞争与合作的关系。1995 年耶鲁大学管理学院的内罗巴夫（Nalebuff）和哈佛商学院的布兰登伯格（Brandenburger）在《哈佛商业评论》上发表文章，使用竞合（co-opetition）的概念，将企业的竞合关系总结为："竞争"是与竞争对手的竞争，"合作"是与企业上下游企业的合作，也就是说竞争与合作的对象是各不相同的；并在文章中指出"竞合超越了过去竞争和合作的规则，并结合两者的优势，意味着在创造更大市场时合作，在瓜分市场时竞争"。他们认为公司为了创造价值，必须要和顾客、供应商、员工及许多人结合，但是创造价值的本质是合作的过程，争取价值的本质是竞争的过程。乔尔·布利克（Joel Bleeke）和戴维·厄恩斯特在著作《协作型竞争》中指出"许多跨国公司日渐明白，为了竞争必须合作，以取代损人利己的行为，跨国公司可以通过有选择地与竞争对手，以及供应商分享和交换控制权、成本、资本、进入市场的机会、信息和技术，为顾客和股东创造最高价值"。

经过较长时间的深入研究，诸多学者对"竞合"问题总结出了一个较为规范的定义：在运作过程中，企业始终处于竞争和合作的氛围，不管是针对竞争对手还是上下游的合作伙伴，都同时存在着竞争和合作的关系，是一种竞争性的合作，或是一种合作性的竞争。竞合关系发生在组织间和组织内部。在组织间，位于同一个市场的公司会采取合作的方式寻求新知识的挖掘和新技术产品的研发，同时也会采取竞争的手段以获得更大的市场份额，竞合发展策略成为企业最佳发展方式。在组织间，竞合策略发生在个人和职能部门间，学者根据博弈论和社会互赖理论，已开展对个体和部门间合作、竞争及其对知识分享行为影响的研究。竞合策略的特点包括以下三点：（1）以互补为企业竞合的基础，通过与其他合作方优势互补，共同挖掘和提升企业潜力，相反，相互拖累、相互冲突的企业合作只会使合作名存实亡；（2）以双赢为企业竞合的结果，合作是以合理的利益分配为保障，如果合作只是源于对对手的被动妥协，合作的结果只能得不偿失；（3）竞合是全方位高层次的竞争，始终以增加市场份额，增强竞争优势为竞合策略的目标，竞合是通过合作形式吸纳企业的优势开拓自身长处，同时又避免竞争方式存在的缺陷。

二、 供应链竞合内涵

供应链作为一种由供应商、生产商、经销商等企业构成的网络特性使供应链中企业间的相互关系较为复杂。供应链竞合关系是一种特殊的企业竞合关系，指供应链中核心企业与关键供应商、经销商在复合联结的基础上，两个或两个以上企业间建立的长期关系，以追求供应链网络价值为目标，以合作关系为体现，通过竞合进行价值创造却将竞争作为最终目标，竞争与合作并存的供应链企业间的经济活动。主要包括以下特点：（1）供应链内企业之间通过竞合关系形成企业网络，不同企业之间互相作用通过复合联结共同产生并发挥供应链功能；（2）供应链网络中竞合主体主要是核心企业、上游供应商与下游经销商；（3）供应链竞合既强调了企业之间的合作作用，也强调了竞争作用，从而突破了以往单纯强调某一方面的局限性； （4）竞争与合作共同创造价值，由于利益主体不同所存在的竞争。

在供应链中，企业以成本、质量和快速的市场反应为目标。然而，供应链中的多目标往往是存在冲突及相互制约的，在追求快速市场反应的同时必将伴随高额的运输成本，而对质量的要求也将在一定程度上降低对市场的反应速度。因而，在传统的供应链管理中，企业常因追求利润及市场份额和几近苛责的客户需求，往往直接导致供应链中企业间的激烈竞争。而在竞争状态下，通常无法达到供应链整体的资源优化配置和企业的资源取得，只能寻求供应链的管理机制；通过与同供应链间甚至不同链间的企业的合作与竞争，进行有效的策略组合，以实现多目标中的合理优化。在实施竞合策略的同时，需要考虑多因素的共同影响，包括企业对资源的控制能力、决策者对市场环境的判断和风险偏好等。值得注意的是，由于核心企业在供应链中起决定性作用，核心企业自身的利益诉求及对市场的判断将直接影响上下游企业的策略选择。因此，对供应链核心企业的决策机制的研究是供应链管理理论与实践的关键之一，关系着整个供应链决策及运营的效率、质量及供应链中企业是否能实现"双赢"局面。

供应链竞合可分为供应链作为整体的链际间供应链竞合和供应链内的企业间竞合，而供应链内的企业竞合既包含上、下游成员间的纵向竞合，也包括供应商或经销商内部企业间的横向竞合。

由于市场始终处于不断调整的动态过程，供应链内企业将根据市场等外部环境的变化迅速调整自身的目标及竞争与合作的策略。而供应链中企业竞合策略的选择主要可由以下理论进行解释：

1. 基础资源论

资源是影响企业发展的重要因素。基础资源论认为：企业是一组资源的集合，企业竞争优势来源于它所具备的战略资源的数量、质量及其使用效率。有价值的公司资源常常是具有稀缺性的。同时，由于各企业发展的路径方向不同，企业所具备的资源各不相同，每个企业都拥有大量独特的有形资产、无形资产和组织能力，且这些资源优势不能转移或模仿的。由此造成资源缺乏或不匹配的情况也成为阻碍企业发展的瓶颈之一。在此过程中，企业努力获得更丰富的战略资源，以在同类企业中确保发展优势。因此，企业的竞争常常围绕着战略资源展开。

但是，依托市场机制采取竞争策略获得战略资源以实现资源在企业之间的转移的做法，往往加深企业间壁垒，不利于供应链整体效率的提升，更阻碍企业自身的利润最大化，于己于彼各有不利。因此，基础资源论同时强调，在已通过竞争扩大自身优势获取更高利润的同时，不仅需要用好内部资源，还要有效地融合外部资源，在比较优势的基础上开展企业间的交流和合作，实现合作方资源优势的互补，通过使企业内有价值的资源在供应链内的使用最大化，达到公司的价值最大化。因此，供应链网络中的企业需要具有独特资源作为竞争的手段，同时还需要具有其他独特资源与其他企业合作，这种资源的异质性强化了竞合关系。

2. 资源依赖理论

同样是认为资源的寡众在企业发展中占有重要位置，且企业所拥有的资源具有独特性；资源依赖论更加强调，企业自身所具有的资源无法满足发展的要求，必须与他们所处的环境进行交换以获取资源，这种必要性导致了企业对供应链其他企业的依赖，包括上下游企业、竞争者、监管者等或其他具有利益的相关者。在此观点下，企业为保持自身的发展，一方面要强化所控制的资源优势，减少对外部资源的依赖，从而强化自身的竞争能力；另一方面，必须通过合作等方式，获取对外部资源的使用权，同时加强其他企业对自身优势资源的依赖，提升企业在供应链中的地位。

3. 权力理论

供应链中通常存在一定的核心企业，此类企业拥有优势资源，对供应链的相关成员或其他供应链具有支配性作用，即享有供应链的权利资源。核心企业通过运用以资产和能力存量为基础，通过价格控制、库存控制、运营控制、渠道结构控制和信息控制值实现途径的权利资源，获得持久的竞争优势。因此，核心企业为长期控制权利资源，需要通过竞争策略加强对供应链各环节的话语权，保障自身的核心地位。同时权利资源的运用必将带来供应链企业就按对价值分配和资源控制的冲突，需要采取合作的方式，减小供应链局部性冲突，实现整体目标的一致性。而对于非核心企业，也需采取竞合策略完成自身利益的最大化，通过合作与核心企业建立合作伙伴关系，在供应链中获得优势地位，拓展发展通道。在合作的同时，完善对信息、供给渠道的掌握，最终达到自身竞争实力的提升。

三、 港口供应链竞合背景

世界经济的全球化进程加快直接影响并改变了长久以来国际贸易方式与贸易格局。港口在全球供应链中的作用已由货物运输节点转变成为供应链中的重要环节，以港口为核心的供应链模式应运而生。在港口供应链中，部分地区存在港口过度建设、重复建设的情况，区域港口资源发展不平衡，港口同质化竞争凸显，已无法同过去一样处于自然垄断地位。班轮公司的经营格局呈现重构、差异化和规模经济的趋势，随着世界经济形势的波动加剧，班轮公司间进一步出现竞争加剧的现象，不得不采取航运联盟等合作形势巩固扩大市场份额。在港口企业、班轮公司等港口供应链核心企业竞争加剧的条件下，船代、货代等港口供应链企业纷纷采取措施，降低激烈竞争环境对企业造成的利润损益。港口供应链中的企业必须寻求新的合作方式提升自身实力，为此，港口供应链中逐渐呈现竞合趋势。

1. 全球化背景

20 世纪 90 年代以来，经济全球化的浪潮已渗入人类生活的各个方面，主要是由于信息技术及其产业的迅猛发展，导致运输和通讯成本的大幅度降低，从而直接推动了国际贸易、跨国投资和国际金融的迅速发展。经济全球化具体表现为：①生产的全球化，国际生产分工已从传统的以自然资源为基础的分工逐渐发展为以现代工艺、技术为基础的分工，从产业部门分工发展到以产品专业化为基础的分工；②贸易的全球，全球范围内贸易活动更加频繁，运输需求快速增加，贸易自由化范围扩大；③跨国公司地位更加突出，跨国公司通过控制绝大多数直接对外投资和世界贸易，已成为经济全球化的载体。

在经济全球化的背景下，世界各国在同一个全球市场进行竞争，国际贸易迅速发展，为全球货物航运提供了巨大市场。为了满足市场需求，班轮公司、港口企业等港口供应链企业拓展市场迅速崛起，形成全球范围内港口供应链网络。与此同时，港口供应链企业的发展与全球贸易形势紧密相连，当全球经济处于不景气的环境时，供应链企业也面临着整体供给大于需求的不利局面，企业竞争加剧，为企业采取竞合策略创造条件。

2. 货物集装箱化和船舶大型化背景

航运技术的广泛应用无疑对海上运输的发展具有巨大的推动作用，是港口供应链竞合的重要背景之一，而其中最重要的即为货物集装箱化和船舶大型化。集装箱运输在货物运输中扮演重要角色，货物的集装箱化是货物运输标准化的一个重要体现，为货物装卸、运输、存储制定标准在世界范围内执行，统一的外观尺寸有利于广泛推广机械化设备通过不用的运输方式进行装卸、搬运，形成集装箱货物多式联运的运输方式，有利于提高运输效率，降低货物损耗量，通过规模效应降低成本。

船舶的大型化也是贸易全球化和的现代航运业发展的必然结果。目前，经济的全球化导致商品、原材料等资源在全球范围内进行运输和配置，海上运输量的增加要求加大船舶尺寸提高运输效率；在此背景下，航运市场的低迷状态将加剧航运企业间的竞争，通过规模运输降低成本已成为航运企业广泛使用的发展策略；此外，从航运结构来看，航运企业纷纷实施兼并、联营等战略，在货源的配置上使得超大型船舶的运营成为可能。船舶大型化对港口综合实力提出了挑战，要求港口具有更高的靠泊和接卸能力，为接卸大型船舶提供更好的水深条件；要求港口提升集疏运能力、堆场堆存能力及港口各作业系统协调的能力，实现货物运输的高效配合，防止造成港口拥堵；要求港口增强揽货能力，只有运载率至少达到85％以上，3E级超大型船舶才能带来规模效益。船舶大型化使大型港口纷纷加快大吨级泊位的建设，以吸引大型船舶来港停靠，间接加剧了港口之间的竞争形势，成为港口供应链竞合的重要背景之一。

3. 航运联盟背景

近年来，国际航运企业纷纷组成的航运联盟，成为港口供应链企业间的合作形式的重要变化。航运联盟取代班轮公会是航运业发展必然趋势，是航运企业为了适应时代发展谋求自身利益的必然选择。航运联盟统一规划航线、统一调整船舶、互通有无，大型船公司可以借助较小的船公司进入偏远航线市场，小型船公司也可以凭借大公司航线优势进入主干航线市场。航运联盟内实现联合派船、统一分配舱位，并对外发布一套船期表、一种港序表。同时，航运联盟在运价和附加费等方面给予联盟各个船公司足够的定价自由。航运联盟的形成有利于增加航次，提高运输范围与质量，提升设备利用率，降低成本。

目前，航运界已形成四大联盟（2M、CKYHE、G6和O3），涉及的16家班轮公司均排名全球前20位，总运力共占据亚欧航线和泛太平洋航线市场份额的95％左右，成为主导航运市场发展的主流。

4. 区域港口整合背景

国内区域港口已出现新一轮的整合趋势，成为港口供应链企业竞合的重要背景之一。从港口自身来看，国内港口企业大量开发港口岸线，各个港口在发展功能上比较相似，港口之间同质化竞争严重。通过港口资源整合，港口之间可以以资本为纽带进行整合，企业之间可以平衡利益，协同港口之间发展的重点和趋向，有利于整个港口群的良性发展，避免重复建设和同质化竞争，促进实现港口间的合理分工与协调发展。另一个方面，通过资源整合，可以提高资源利用效率，避免过度开发港口资源。本轮区域港口资源整合的重要特点是同时完成行政资源整合，自然资源整合和经营资源整合。从2008年初开始，全国多个省市开始港口整合，如河北省成立河北港口集团有限公司，由秦皇岛港、曹妃甸和黄骅港三大港区合并而成；在西南地区，防城港、钦州港、北海港三港也组建了北部湾国际港务集团。2015年8月，连云港港口控股集团有限公司成立，将整合连云港区、赣榆港区、徐圩港区和灌河港区资源资产，形成港口经营新主体。同月，浙江省海港投资运营集团有限公司（浙江海港集团），并将以该集团为平台将省内的宁波港、舟山港、嘉兴港、台州港和温州港等5大港口的港口公司进行整合，统一运营。2016年，浙江省海洋港口发展委员会成立，负责海洋港口经济发展的宏观管理和综合协调，统筹推进浙江全省海洋港口一体化、协同化发展。区域港口整合是港口供应链竞合的重要的体现之一，也将直接影响到港口供应链企业竞合策略的选择。

第2节　港口供应链的竞合形态

港口供应链形态是港口供应链的表现形式。港口供应链将各类服务型企业作为供应商与客户有效结合在一起，并把商品通过海运形式配送到指定的港口。港口供应链是由许多的单链交织而成的，通过不同的供应链企业组合方式形成港口供应链。单一企业的供应链形态是港口供应链组成的基础，通常以港口供应链内主要参与者为核心服务对象进一步划分单一港口的供应链，形成面向不同企业对象的单一模块，一般包括面向船公司的供应链、面向货主的供应链和面向港口的供应链。在单一港口的供应链基础上，构成港口供应链的一般形式，根据港口供应链中核心企业内的相互关系聚集形成多企业的港口供应链形态，根据核心企业类型和企业间的合作方式，可将此类港口供应链形态分为面向区域港口的港口供应链形态、面向国际码头运营商的港口供应链形态、面向航运联盟的港口供应链形态和纵向一体化下港口供应链形态。港口供应链形态分类如图 5.1 所示。

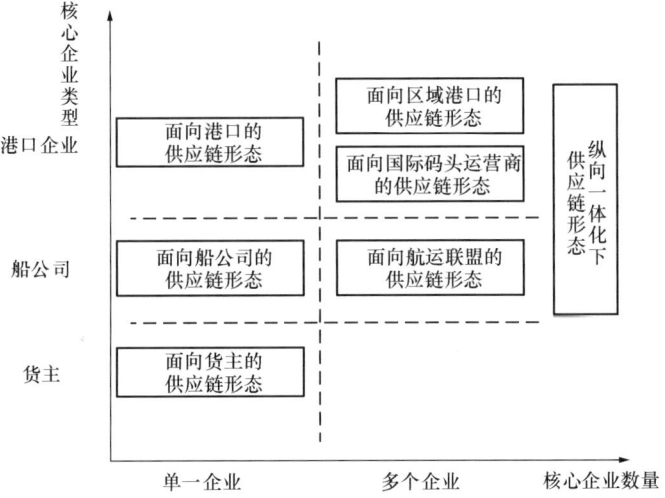

图 5.1　港口供应链形态分类

一、　单一核心企业的港口供应链形态

单一核心企业的供应链是港口供应链的基本组成部分，可根据港口供应链内主要服务对象进行划分（图 5.2），主要包含三个模块：面向船的供应链（图 5.3）、面向货的供应链以及港口自身的供应链（图 5.4）。

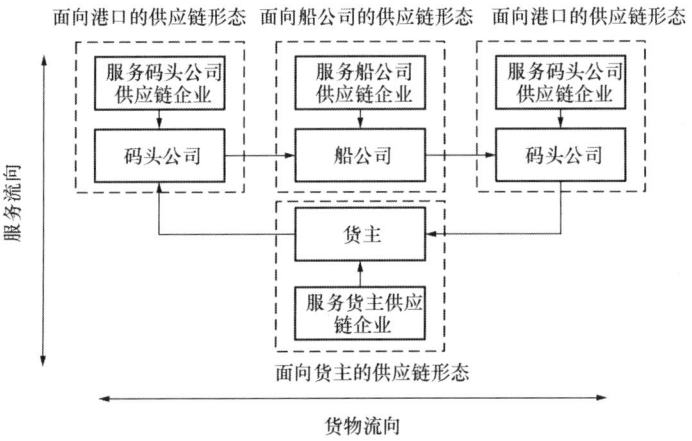

图 5.2　港口供应链形态

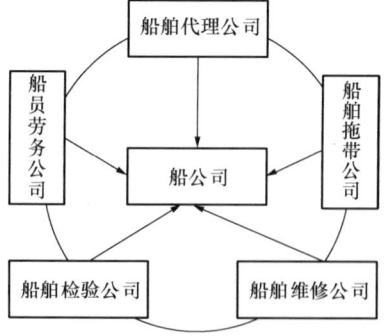

图 5.3 面向船舶的港口供应链形态

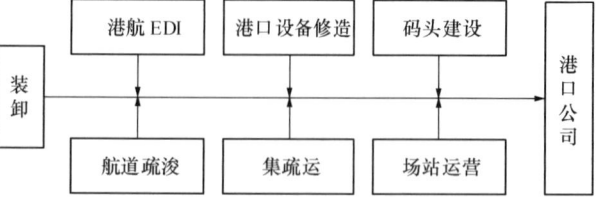

图 5.4 面向港口的港口供应链形态

面向船舶的供应链中，产业包括船舶供应、船舶拖带、船舶代理、船员劳务、船舶检验、船舶维修以及船公司。船公司是整条供应链上的核心产业，其他产业都是围绕船公司开展业务的，是船公司的上游产业。同时船舶供应公司也可以直接成为船公司的上游，直接为船公司服务。

面向货物的供应链中，产业包括货物检验、理货、多式联运、货运代理、报关代理、道路运输、仓储配送以及销售产业与制造业（货主）。货主是整条供应链中的核心产业，其他产业都是围绕货主的需求开展相应的产业活动，是货主的上游产业。

港口自身供应链中，产业包括码头经营业、装卸业、场站运营、集疏运业、航道疏浚、码头建设、港口设备修造以及港航 EDI。码头经营业是整条供应链中的核心产业，其他产业都是围绕码头经营开展业务的，是码头经营业的上游产业。

二、 多核心企业的港口供应链形态

由单一核心企业的港口供应链形态，可组合成为基本港口供应链形态（如图 5.5）。基本港口供应链形态涵盖港口供应链中主要涉及的企业类型；然而，在实际的港口供应链中，通常为若干核心企业共存，在竞争的环境下，通过合作、联盟、投资、合并等方式，实现企业横向及纵向竞合状态，以达到企业利益最大化。

目前，竞合关系下的多核心企业的港口供应链形态大致分为四类：面向区域港口的港口供应链形态，面向国际码头运营商的港口供应链形态、面向航运联盟的港口供应链形态和纵向一体化下的港口供应链形态。

（1）面向区域港口的港口供应链形态

在局部地区内，在区域整体战略的角度，可结合区域内各港口的优势、规模、货品类型、运输条件等因素，根据市场的自发性选择，形成层次分明、功能明确、优势互补的港口网络。区域性港口网络的产生方式可以根据港口供应链主导者分为两类，如图 5.6 所示：一是由船公司主导的，根据航线挂靠港决定的枢纽港——支线港港口网络；二是由港口公司主导的，通过区域内港口间合作等方式形成的港口联盟下的港口网络。两种方式在实际港口供应链中常共同存在、有机共生，区域内港口通过联盟合作方式避免港口恶性竞争并提升与船公司博弈的话语权；同时，船公司依靠对航线和挂靠港的决定权，对区域内港口功能分配产生一定影响力。在不同地区内，港口企业与船公司间的竞合关系的差异性

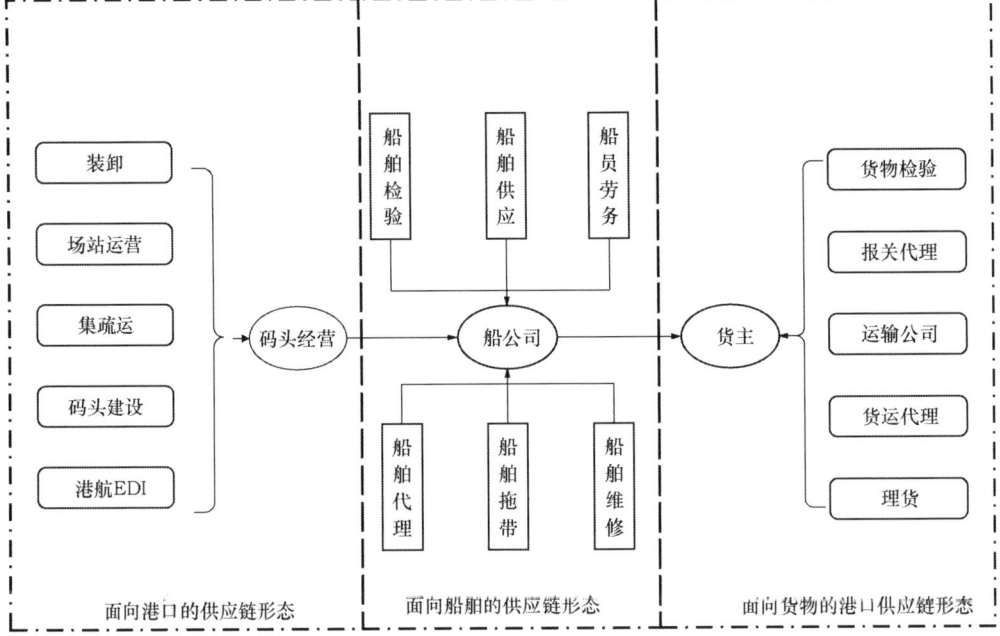

图 5.5　港口供应链形态

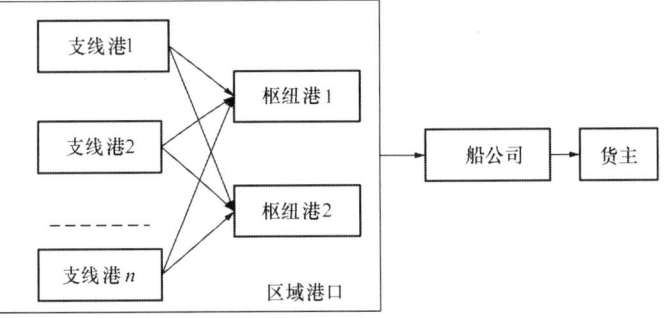

图 5.6　面向区域港口的港口供应链形态

也将导致区内港口间关系的差异化。

作为区域性枢纽港的干线港一般具有较强大的港口服务支持能力以及综合配套服务能力。这些干线港与周边支线港形成合作关系，干线港拥有航线资源，支线港将货物运输至枢纽港，再由干线船公司运送至目的港；在此类结构下，支线港对于干线港的依赖比较强。西欧逐步形成了以鹿特丹枢纽港为中心，以安特卫普港和汉堡港两个干线港为两翼，一系列专业港和小港为补充的组合港格局，港口之间良性的竞争与合作实现了吞吐量的快速增长。

（2）面向国际码头运营商的港口供应链形态

在全球各地政府积极探索从政府层面推动港口联盟的道路的同时，一些国际码头运营商开始探索从资本角度实现港口在全球范围内的合作的可能，这就形成了以码头运营商为核心的国际码头运营商，如图 5.7 所示。国际码头运营商在世界主要港口都拥有码头的经营权，因此在与船公司合作协商过程中拥有更大的话语权，从而获得更多利润。国际码头运营商投资区域性港口公司，对港口公司而言，将提升港口公司市场业务的开拓能力，在与班轮公司签约过程获得更大优势，港口公司可将重心集中到装卸业务。目前，世界上最具典型的国际码头运营商包括新加坡港务集团、和记港口集团、迪拜港口世界等。

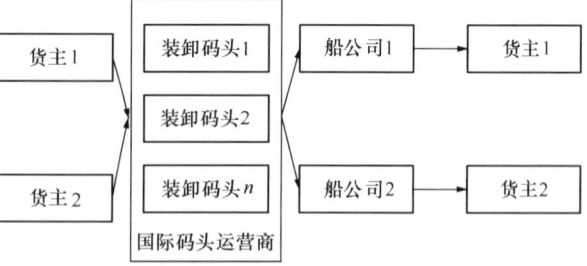

图 5.7 面向国际码头运营商的港口供应链形态

（3）面向航运联盟的港口供应链形态

航运联盟的产生是航运市场竞争加剧的产物，需要通过联盟合作的方式达到规模经济，通过扩大服务范围、统一分配企业资源，达到减少成本增加利润的目的，如图 5.8 所示。在面向航运联盟的港口供应链形态中，航运联盟内各企业实现相位购买互换、运力共享和设施共享，但保持各企业独立的决策权。目前，全球集装箱航运业由四大联盟组成，分别是 2M 联盟（由马士基航运和地中海航运组成）、O3 联盟（由达飞海运、中海集运和阿拉伯联合轮船组成）、G6 联盟（由美国总统轮船、韩国现代商船、日本商船三井、德国赫伯罗特、日本邮船和中国香港东方海外组成）、CKYHE 联盟（由中远集运、韩进海运、阳明海运、川崎汽船和长荣海运组成）。

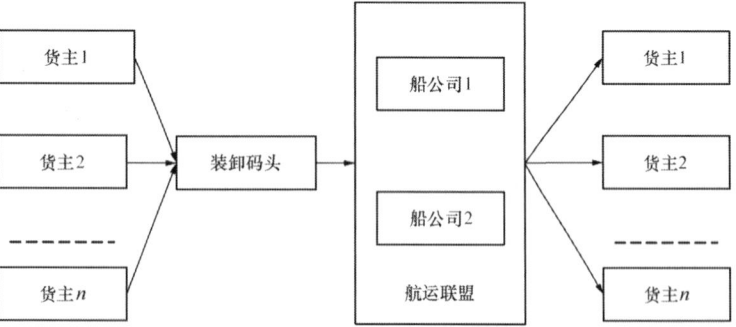

图 5.8 面向航运联盟的港口供应链形态

（4）纵向一体化下的港口供应链形态

在以码头联营体为核心的港口联盟逐渐渗透进世界主要贸易发展国家的主要港口的同时，以 AP 穆勒-马士基公司为代表的班轮公司也开始进入码头运营行业。在此机构中，班轮公司利用自己的优势地位，将码头经营与码头作业分开，自己经营码头，而将码头作业交给区域性港口作业公司来完成，如图 5.9 所示。区域性港口公司对具有班轮公司背景的码头投资人优先考虑，因为引入此类投资人的同时也与其关联对班轮公司产生联系，对开辟航线等工作的开展具有一定优势。其主要代表有 AP 穆勒码头以及中远太平洋。

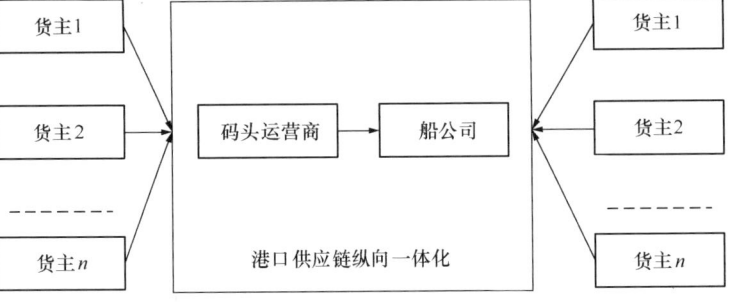

图 5.9 纵向一体化下的港口供应链形态

第 3 节　港口供应链的竞合分析

一、 港口供应链竞合概念及对象

1. 港口供应链竞合概念

港口供应链竞合是以港口为核心的供应链中的企业采用的竞争与合作的双赢策略。根据 Song（2003）对港口竞合关系概念模型的描述（图 5.10），将该模型扩展至港口供应链企业。该模型中第一部分是港口供应链企业所面临的竞争环境，包括船舶的大型化、世界经济的全球化、多式联运的运输方式、航运联盟和港口整合等合作方式的推广。以上发展背景对港口供应链的发展具有重大影响，世界贸易的快速发展导致航运需求的增加及其不确定性的加剧，客户具有更加强大的议价能力，要求港口供应链提供便捷高效的服务同时降低费用，在航运市场供过于求的局面下，导致港口供应链企业面临更加严峻的市场竞争环境，需要采取策略不断降低成本，提升利润，保持自身的竞争实力。因此，港口供应链企业必须快速地对市场的变化做出反应，并寻找到合适的方法提升企业的市场竞争力，以保持在竞争中具备的优势。以上因素共同推动企业采取竞争与合作的策略。竞合策略不仅仅是单独对供应链中的相关企业应用竞争策略，更加需要的是采取更为广泛的合作策略，通过优势互补、资源共享，达到降低企业运作成本，扩大业务范围，共同提升合作体在市场中的竞争实力。在港口供应链中，港口企业处于核心位置。因此在本节中，将以港口企业作为港口供应链的代表进行分析。

2. 港口供应链竞合对象及其关系

（1）港口之间的竞争与合作

港口之间的竞争与合作多存在于同一或相邻地区内的多个港口形成的港口群中。由这些港口共同完成区域内货物的港口物流服务，出现港口腹地重叠的情况，使得区域内港口物流之间必然存在相互竞争的情况，包括对船公司的争夺和对货主的争夺等。由于此类港口距离较近，对货主而言，在陆路运输成本相差不大的前提下，港口提供的服务质量和服务价格成为港口竞争的重要内容。区域港口竞争在一定程度上对区域港口及经济发展具有推动作用，有利于降低港口装卸费用，降低区域物流成本，增强区域贸易竞争力。但是，过度竞争也会对区域港口的发展造成不利影响，各港口之间为了争夺货主、船公司竞相降

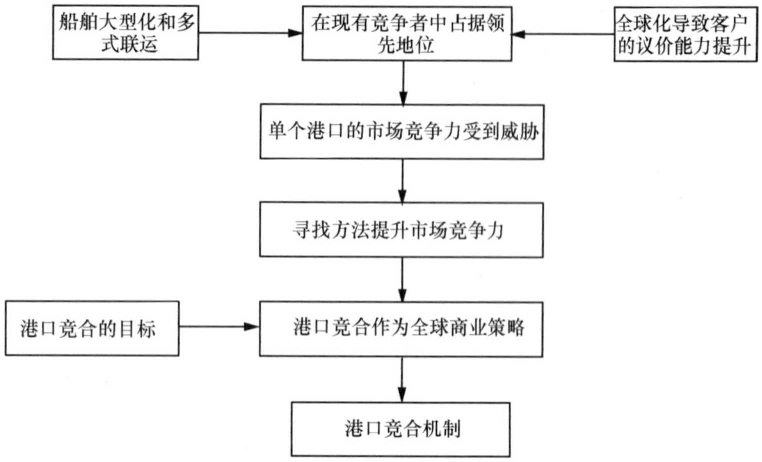

图 5.10 港口供应链竞合的概念模型

价的恶性竞争不但会导致港口利润的下滑，影响港口的发展潜力。因此，区域内港口在竞争的同时也要有合作，需要寻求错位发展，形成区域内港口资源的合理优化分配，保持港口物流自身的发展动力；因此，区域内港口之间物流运作的竞争与合作也是港口物流发展的必然选择。

除此以外，同一港口内不同的码头运营企业也存在对竞合策略的需求。同一港口可以由多个码头运营企业来经营。这些码头运营企业可以是港口集团的子公司，或是由港口集团、地方企业、国际码头运营商、船公司组成的合资企业。但从独立企业的角度上看，出于追求利润，各个码头运营企业始终存在一定程度上的竞争。但是由于此类企业位于同一个港口，且多由同一个港口集团控股或参股，企业间的合作机会大大增多，可通过协调等方式实现对货源、航线等资源的优化配置，达到共赢的局面。

(2) 港口与船公司的竞争与合作

在港口供应链中，船公司是除港口以外的另一个主要企业，对港口供应链的正常运作具有重要作用。港口与船公司在供应链中属于利益相关体，可以认为是服务提供者和服务给予者（供应商），而货主即为服务接受者（顾客），同时存在货物、信息和资金的流通。然而，对于港口和船公司，还存在着以各自利益为背景的竞争关系。港口只有通过船公司航线的布置才能聚集货物，形成规模效应，然而，船公司在规划航线挂靠港时会充分考虑港口装卸能力、腹地范围和集散货能力等因素，通过选择挂靠港，保证船舶的满载率以保障自身利益。这种关系，可以由市场的供需理论来解释。当港口具有大量货源时，船公司都希望航线能挂靠该港，航线资源供大于求，主导方在港口；而当港口竞争能力较弱时，需要通过开辟航线提升港口吞吐量，此时航线资源供小于求，主导方在船公司。从另一个角度看，港口与船公司的合作往往可以形成正反馈循环，港口可以通过航线的开辟提升自己在区域内的集货能力，形成区域的物流核心，而船公司在该港口的货源数量得到保障，也为在该港开辟更多的航线创造条件。因此，港口和船公司需要通过竞合策略实现双赢。而实际中，港口和船公司之间的竞合策略也被广泛采用，最典型的是船公司通过投资参股码头运营公司，实现对码头的管理。

(3) 港口与服务港口企业的合作

在单一核心企业的港口供应链中，港口周围还存在大量的服务港口企业，包括供应链物流企业、仓储企业、工程项目承包企业等。多式联运中心、配送中心物流服务企业在很大程度上影响着港口的揽货能力，便捷高效的供应链物流企业对于到港和离港货物集聚具有推动作用。对于港口来说，航道疏浚和泊位等基础设施建设，就需要工程项目承包商来提供港口建设服务。港口与服务港口企业之间是互依共存的关系，协同竞争的关系，二者的合作是协同发展的必要条件。

二、 港口供应链竞合目的

伴随着国际经济环境的复杂变化，港口供应链企业所面临的市场竞争更加激烈。竞合策略已被广泛应用于港口供应链企业，其最基本的目的是降低企业成本、增加利润，提升企业竞争力，保障企业持续发展。然而，对于企业的差别及其所在环境的区别，企业采取竞合策略又具有自身具体原因和特点。港口作为港口供应链的核心，其竞合目的受到了较多学者的关注。Song（2015）对港口竞合的目的进行了详细的阐述，在此基础上，本书对该框架进行了拓展，以描述港口供应链企业竞合的目的，一共分为5类，包括战略目的、财务目的、经济目的、运营目的和市场目的（图5.11）。

1. 战略目的。战略目的是港口供应链企业采取决策时必须考虑的，对企业发展意义重大。战略目的涉及企业怎么使用自身的资源以决定在市场中的位置。当市场环境变得更加具有竞争性，企业如不做出及时的反应将降低自身的竞争能力；因此需要通过竞合方式发挥各个企业内互补资源的优势，已实现企业协同发展。除此之外，对于港口和

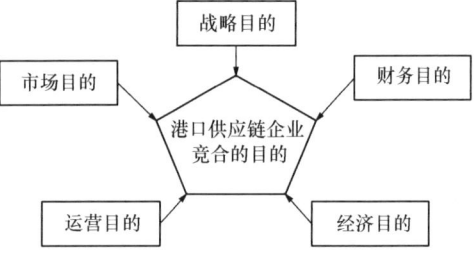

图5.11 港口供应链竞合目的

其供应链下游的船公司，当另一方获得更大的议价能力时，港口或船公司可以通过与同类企业竞合提升自己的议价能力。另外，企业为了通过开辟新兴市场等方式获得长期利益，也需要采取竞合策略形成战略联盟，提升自身能力。

2. 财务目的。在港口供应链企业竞合中不可忽略的，因为港口供应链企业都是以利润为导向，需要依靠收入支持企业正常运作。通过竞合策略达到企业联合投资和风险分担，能够通过投资的多样性和对固定投资的分担，降低企业财务风险，对企业财务收入巨大优势，达到企业资本投入的降低和更快的投资回报。考虑到港口供应链中港口企业、航运企业都是资本密集型企业，使用竞合策略减少企业的投资花费十分可取。

3. 经济目的。节省费用对于供应链企业来说非常重要，竞合策略是扩大经济效益的有效方式之一。供应链企业采取竞合策略可以产生生产服务的规模效应，并导致生产、服务成本降低；另外，服务或商品供给的重组织可以节省额外的费用，重组织的合理化可以通过规模效应和知识共享达到。

4. 运营目的。港口供应链企业可以通过竞合策略达到知识共享和专业知识的获得，从而提升服务质量和运营能力，产生更多的利润。另外，技术交换能够推动增长和创新，以提升竞争优势。而港口能力不足导致的船舶拥堵和运营问题也能通过合作解决。

5. 营销目的。营销目的可以较为简单地应用于港口供应链企业竞合中且不考虑竞合

的形式和方式。港口供应链企业通过竞合形成统一的整体，并以统一整体面对客户，提升自身的品牌形象，也叫做集合品牌。

三、港口供应链竞合模式及案例

1. 港口供应链竞合模式

对于区域港口来说，为了避免盲目竞争，促进共同发展，港口经营者各方往往通过港口联合等方式实现竞争发展。由于港口间的联合策略多种多样，区域港口的竞合模式也有所不同。

(1) 纵向竞合模式

所谓港口间的纵向竞合模式主要体现为港口之间为了构建完善的物流运作体系而形成的竞合模式，最具代表性的是港口投资建设其他支线港口或喂给港口，同时联合其他运输方式，构建多式联运网络，打造多式联运的网络中心。这种竞合一般都要求枢纽港或干线港与支线港或喂给港之间形成纵向的竞合关系，这种关系类似于供应链上下游的竞合关系，具有较强的稳定性。然而，干线港和支线港存在动态发展的过程，当支线港腹地经济不断发展，货源增加，该港口可能随着时间的推移逐渐开辟近洋航线，使得港口规模扩大，对干线港货源产生分流，而围绕供应链上下游形式的港口物流竞合模式也将随之终结。

(2) 横向竞合模式

港口的横向竞合模式主要发生在区域内相近规模的港口之间。该类港口具有相似的功能定位，面对日益激烈的市场竞争，在一定的合作机制基础上，港口间分工协作、信息共享、避免恶性竞争，共同提高区域港口竞争实力。具体港口间物流运作模式可通过港口建设的相互合作、港口整合以及港口联盟等方式来实现。

① 港口建设。在区域港口中，已发展的大型港口通常面临临港土地资源不足、岸线资源不足、航道水深不足、港城矛盾造成的港口集疏运条件受限，需要进一步拓展自身的发展空间，在此情况下，通过与相邻港口合作，取得港区的开发权，不仅提供了更为充足的发展空间，更能统筹形成区域内港口多元化、多层次的发展体系，做到资源的节约利用，使区域内港口获得共赢。

② 港口整合。多是由于行政、市场原因所造成的自上而下的港口企业整合。整合后形成的区域性港口集团为区域内港口的合作发展提供更为便捷的平台，也对港口企业的资源过度开发和恶性竞争予以约束。区域港口整合已成为我国港口未来发展的一个重要趋势，河北省、浙江省等地区已建立港口集团公司分别对区域内港口进行整合，统一运营，实现港口一体化和协同化发展。

③ 港口联盟。该方式是指港口及与其相关的供应链企业间通过形成联盟组织，实现协调发展、优势互补，避免恶性竞争和重复建设。但是联盟的形成自身的利益最大化为前提，对各企业的约束效力较弱，一旦出现联盟提出的要求无法满足自身的发展，容易出现联盟的破裂。

2. 港口竞合案例

国际上有诸多邻近港口竞合的实例，如日本东京湾港口群、阪神港，美国纽约/新泽西港、洛杉矶/长滩港，西欧港口群等。集群化运作将成为未来港口重要的发展方向，以多种形式实现港口间整合与功能提升。以下详细介绍东京湾港口群及洛杉矶/长滩港竞合经验。

（1）东京湾港口群

东京湾内有东京、千叶、川崎、横滨、君津和横须贺六大港口，形成沿海岸向东南开口的马蹄形港口组合及工业城市群体，经常出现争抢腹地货源等无序竞争问题。在日本运输省（2001 年合并至国土交通省）的协调下，东京湾港口群打破行政区划限制，用港口群的自然属性和经济规律协调发展，已形成内联外争、分工明确的结构体系。

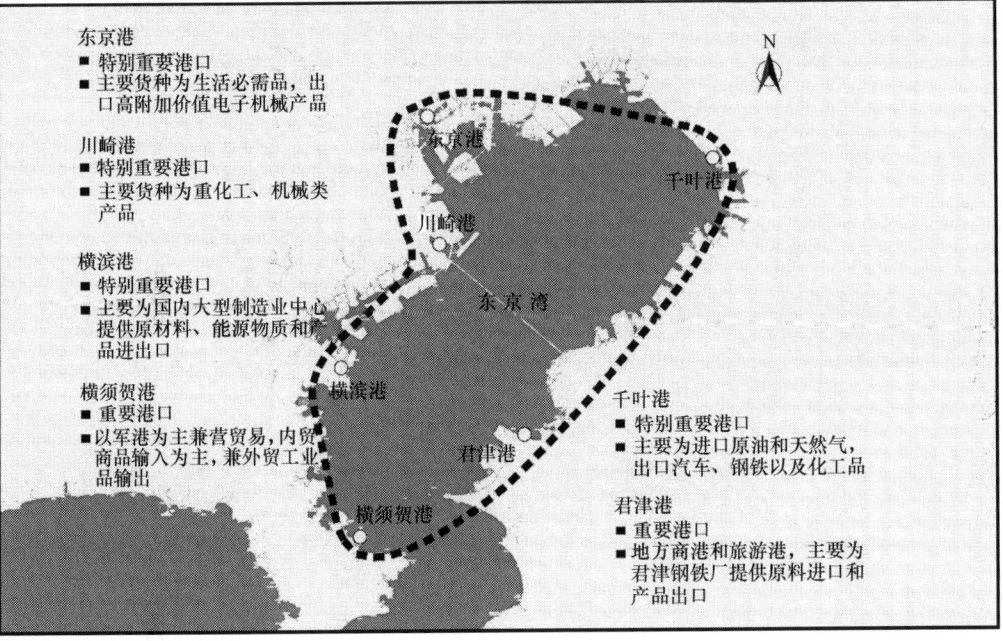

图 5.12　东京湾港口群位置示意图

① 内联外争。对东京湾港口群，日本政府一方面大力发展壮大单个港口实力，另一方面又采取港口合并政策，增强港口群整体竞争力。在运输省的协调下，东京湾港口错位发展，避免港口间恶性竞争；共同揽货，整体宣传，以提高整体知名度，同国外港口相抗衡。为了控制日本主要大港在价格上的自由竞争，缓解各港口间的竞争压力，1985 年运输省同船东协会商定，规定在东京、川崎、横滨、名古屋、大分、神户、门司、北九州的入港费和岸壁使用费采取统一标准。该政策的出台使日本港口将对内竞争转为对外竞争。

② 分工明确。港口建设与定位同临港工业相联系，从而达到港口群内各个港口的错位发展，避免港口间的过度竞争。根据临港工业带的布局，东京湾港口群内各港口定位和发展也有所不同。东京港拥有世界先进的外贸集装箱码头，主要负担着东京产业活动和居民生活必需的物资流通，包括小麦、水产品、蔬菜、纸类等与城市生活密切相关的必需品；横滨和川崎港主要进口原油、铁矿石等工业原料和粮食，出口工业制成品；千叶港以进口石油和天然气为主，铁矿石、煤炭和木材为辅，出口货物以汽车为主，其次为钢铁和船舶等；横须贺港以军港为主，兼营贸易；君津港作为旅游和商业港确立其竞争优势（图5.12）。六大港口各自依托临港工业的发展，合理分工，避免港口之间对腹地货源的激烈

竞争。

（2）洛杉矶/长滩港

美国西海岸地区港口众多，各港口间自然条件相近，经济腹地相互重叠，竞争激烈。洛杉矶港与长滩港毗邻（图5.13），两港均为全球重要的集装箱港口，在长期的生存竞争中，逐步形成分工合作占主导地位的港口同盟关系，通过合理分工基础上的有效合作，以建立组合港的方式，制定和完善岸线利用规划和港口群发展规划，实现货运分工明确，优势互补，避免无序竞争，提升港口群的整体竞争力。

图5.13　洛杉矶与长滩港示意图

洛杉矶/长滩港由洛杉矶/长滩港务局统一管理，该港务局作为市政府下属的公益性管理部门，主要职责是参与港口规划和航道疏浚、码头前沿等基础设施建设。港务局通过和各个主要船公司签订25～30年的租赁合同将码头租给船公司经营，仅收取码头租赁管理费用。这种"地主港"运营模式充分发挥了船公司、码头公司等企业在市场竞争中的经营活力，促进了港口在基础设施、经营设施、投资营运和管理方面的互动良性发展。

第4节　港口供应链的竞合关系模型

同一或相邻区域内港口间的竞争与合作是港口供应链竞合的重要体现。港口间竞合直接影响港口供应链内相关企业的策略选择。例如，船公司在面对采取竞争策略的港口时，因受到港口集货能力、相关政策的不确定等其他由港口竞争产生的问题影响，规划航线挂靠港等策略选择的复杂度将增加。同时，新建港口的竞合策略不明确将直接影响区域内港口供应链企业的策略选择。因此，作为港口供应链竞合关系的关键，港口竞合策略，特别是新建港口的竞合策略亟须进行深入研究。

港口群内港口面临腹地共享的客观状态，直接导致区域内港口对共同腹地的激烈竞争。同时，港口群内出现新建港口，必然会导致腹地的重新划分，对已建港口带来重大影响，而新建港口也面临巨大挑战，需确定在港口群内采取何种竞合策略以保障自身市场份额和利润。

本节中"新建港口"只是以结果为导向的抽象描述，在港口群发展的实际过程中，"新建港口"除了实际意义上的港口建设外，如盘锦港建设荣兴港区和大连港建设太平湾港区等，还可以理解为已有港口的快速发展而导致区域港口腹地的重新划分，如广州港的迅速发展使其与香港港和深圳港共同成为珠三角核心。除此以外，近年来的区域港口整合，也使区域内港口功能不断得到优化配置，推动部分港口获得更大市场份额，形成类似新建港口的"新兴港口"。由于新建港口的出现打破了港口群的惯性发展，因此新建港口在港口群中的发展策略也在不断探索，对港口竞合策略的研究受到广泛关注。

随着世界经济格局的不断改变，全球贸易的变化直接影响区域港口群动态发展。区域内港口竞争加剧导致区域货物流向的聚集和新兴港口（新建港口）的出现。对港口和区域港口群的研究已经开展了数十年，许多模型已由学者提出用于系统化描述港口群的发展过程。近年来，对于港口群发展的实例研究也受到格外关注，包括对欧洲港口群、已发展中国家为主的拉丁美洲－加勒比海港口群和中国的珠三角港口群、长三角港口群。其中，中小港口（如广州港）和新建港口（如上海洋山港）的快速发展直接影响并导致区域港口格局重划分。在此过程中，港口之间通过采取设施建设、价格博弈和竞合策略等方式强化自身的竞争力，保障市场份额和盈利能力。Song（2003）首次提出了港口竞合的概念（Port Co-opetition），认为港口为了适应不断变化的发展环境，在港口群中采取竞合策略是必要的方法之一。现有的研究多集中于理论模型的构建和实证分析，较少应用博弈论等数学模型研究港口群发展过程中竞合关系。

博弈论以广泛应用于交通领域，尤其是道路收费策略的研究。通常行人在 OD 之间具有多条可供选择路径，每条道路的费用及时间成本的区别会促使行人选择最大化效用的路径，从道路管理者的角度，可认为是两种路径之间的博弈。已有研究多从管理者自身效益和社会福利分别分析定价策略，并考虑收费模式、道路所有权、行人的出行时间偏好、交通拥挤等因素。同时，对不同的交通方式之间的竞争和互补关系也是博弈论在交通研究领域的重要研究方向。Dechenaux 等（2014）研究出行人对地铁和道路方式的选择博弈，指出道路能力的扩大对出行时间和出行方式选择的影响。Socorro 等（2013）分析了飞机和高铁的整合竞争对社会和环境的影响。Clack 等（2014）对互补型交通服务在竞合策略下的定价策略进行研究。博弈论在交通领域应用时考虑交通路径通常以网络形式出现，其主要的空间特点是相对位置（节点间距离），而不是绝对位置，因而选择忽略空间因素。而在港口的研究中，港口区位位置是港口发展的重要特性，使港口服务具有纵向差异，直接影响港口的可达性、腹地范围，并进而影响盈利能力和竞争力。因此，以 Hotelling 模型为代表的空间博弈模型在分析港口竞合中具有重要价值。

对港口的博弈研究通常建立双寡头垄断博弈模型，研究均衡条件下的最优服务价格和建设规模。港口作为重要的交通节点，最初的博弈研究是在道路博弈研究的基础上开展的，De Borger（2008）将道路的通行费用博弈模型拓展至港口，构建港口与道路连接的双港口垄断模型，分析得到在港口和道路服务能力一定造成拥挤的情况下，港口扩建将提高本港口的服务价格和加剧两个港口的拥挤程度，但只增加与本港口连接道路的拥挤。

Yuen 等（2008）对港口和连接道路的最优收费、道路拥挤相互作用进行了分析。除此之外，港口装卸服务需求的不确定性、港口的分阶段扩建、城市车辆和外来卡车差别收费等因素也被纳入模型当中。近年来，港口的博弈研究多引申自港口运营的实际问题，包括港口供应链视角下的港口收费和航线挂靠港确定、港口运营商开展内陆运输服务、专业化泊位建设和内河港多式联运等。同时，港口的竞合关系也是研究的重点。Saeed 等（2010）构建两阶段的 Bertrand 博弈模型，对卡拉奇港的三个集装箱码头的竞合策略进行分析。港口空间异质性是港口竞合研究中需要重点考虑的因素之一。Xu 等（2015）分析港口合作和非合作博弈下的最优价格策略。而港口的空间差异性较少在博弈模型中考虑，其中 Zhou（2015）构建的改进二维 Hotelling 模型能够较好地反应具有空间属性的港口博弈过程。Kaselimi 等（2011）分析了集装码头之间的竞争，用于描述业主泊位的影响。

港口群内新建港口的影响是港口群发展过程中不可忽略的重要因素。在空间博弈研究中，多参与者博弈和惯序博弈均涉及新进参与者，但主要关注点分别集中在多参与者的均衡状态下的选址、定价策略和新进参与者对原参与者策略选择的影响，未有新进参与者对原均衡状态的影响的研究。

本节最主要的目标是考虑港口空间差异性，研究在不同竞合策略下新建港口对原港口的市场份额和利润影响。本节以 Zhou（2015）建立港口博弈模型为基础，所构建的模型和分析与 Zhou 提出的主要由 3 点不同：1. 本节构建的模型中，港口的合作策略只以合作体的利润和最大为目标，不要求合作体内港口服务价格一致；2. 本节考虑港口合作体主导市场而成为先行动者的情况，应用 Stackelberg 博弈模型分析此类竞合策略的影响；3. 文本考虑港口数量变化，重点研究新建港口不同竞合策略（如表 5.1 所示）对港口群内各港口市场份额和利润的影响。

新建港口下港口群竞合策略分类   表 5.1

序　号	竞合策略	港口群状态	博弈模型
1	完全竞争	未新建港口	Nash 博弈
2	完全竞争	已新建港口	Nash 博弈
3	合作，静态博弈（同时行动）	已新建港口	Nash 博弈
4	合作，动态博弈（先后行动）	已新建港口	Stackelberg 博弈

一、 模型描述与假设

1. 模型描述

Hotelling 模型是分析两个垄断竞争者在同一腹地竞争的经典模型，模型考虑空间的差异性，使位于不同位置上的货运人支付不同的运输成本。本节将 Hotelling 模型扩展至二维，同时引入多个竞争者（港口），更符合港口的实际情况。由于港口主要提供港口装卸等配套服务，因此港口对腹地的控制较弱，仅能通过港口服务价格和服务水平来实现。本节假设港口对价格的调整在短期内完成且港口的位置已提前确定，通过确定各港口最优服务价格，获得港口群内各港口的博弈均衡状态。

2. 基本假设

（1）假设货运人均匀分布在（0，0）、（0，1）、（1，0）和（1，1）4 点连接的矩形范围内，

且总货运量为 1。港口货运人到第 i 个港口的效用
函数为

$U_{s,i}(x, y) = k + \theta S_i - t[(x - a_i)^2 + y^2] - p_i - l_i$，其中 (x, y) 为港口货运人的位置坐标，$k > 0$ 为货运人的保留效用，$t > 0$ 为陆路运输的费用率，且陆域运输费用与距离平方成正比，$\theta > 0$ 为服务水平系数，l_i 为由港口 i 出发的海上运输费用。

(2) 假设区域港口群由 n 个港口组成，港口分布在 x 轴 $[0, 1]$ 上，港口 i 的位置为 $(a_i, 0)$，且满足 $a_i < a_{i+1}(i = 1, 2, \cdots, n-1)$（如图 5.14 所示）。

(3) 假设港口 i 的服务水平为 $S_i > 0$，单位货物装卸的服务费用为 $p_i > 0$，市场份额（即港口吞吐量）

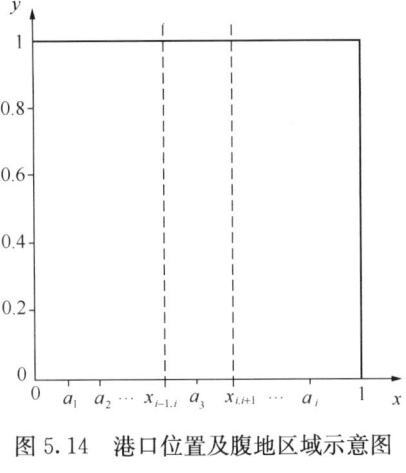

图 5.14　港口位置及腹地区域示意图

为 $D_i \geqslant 0$，港口的服务成本函数为 $f(S_i) \geqslant 0$ 且 $\dfrac{\partial f(S_i)}{\partial S_i} > 0$。港口 i 的利润为 $\Pi_i = D_i p_i - f(S_i)$，本节仅考虑 $\Pi_i \geqslant 0$。

二、　不同竞合策略下的港口定价模型

货运人通过对比到邻近港口的效用值选择装卸港口，假设货运人左侧为港口 i，右侧为港口 $i+1$，当选择港口 i 和港口 $i+1$ 的效用相等时，即 $U_{s,i} = U_{s,i+1}$，则货运人处于港口 i 和港口 $i+1$ 的腹地分界线上，公式可表示为如下形式：

$$k + \theta S_i - t[(x_{i,i+1} - a_i)^2 + y_{i,i+1}^2] - p_i - l_i$$
$$= k + \theta S_{i+1} - t[(x_{i,i+1} - a_{i+1})^2 + y_{i,i+1}^2] - p_{i+1} - l_{i+1}$$

由此解得，分界线与 y 坐标值无关，即为：

$$(i = 1, 2, \cdots, n-1) \tag{5.1}$$

其中，$m_{i,i+1} = a_i + a_{i+1}, a_{i+1,i} = a_{i+1} - a_i, S_{i+1,i} = S_{i+1} - S_i$ 和 $l_{i+1,i} = l_{i+1} - l_i$。由此可得到港口 i 的吞吐量，

$$D_i = \begin{cases} \displaystyle\int_0^1 \int_0^{x_{1,2}} dxdy = \frac{m_{1,2}}{2} + \frac{p_2 - p_1}{2ta_{2,1}} - \frac{\theta S_{2,1} + l_{2,1}}{2ta_{2,1}} & (i = 1) \\[2ex] \displaystyle\int_0^1 \int_{x_{i-1,i}}^{x_{i,i+1}} dxdy = \frac{a_{i+1,i-1}}{2} + \frac{p_{i+1} - p_i}{2ta_{i+1,i}} - \frac{p_i - p_{i-1}}{2ta_{i,i-1}} + \frac{\theta S_{i,i-1}}{2ta_{i,i-1}} \\[2ex] \qquad\qquad - \frac{\theta S_{i+1,i} + l_{i+1,i}}{2ta_{i+1,i}} & (i = 2, \cdots, n-1) \\[2ex] \displaystyle\int_0^1 \int_{x_{n-1,n}}^1 dxdy = 1 - \frac{m_{n-1,n}}{2} - \frac{p_n - p_{n-1}}{2ta_{n,n-1}} + \frac{\theta S_{n,n-1} + l_{n,n-1}}{2ta_{n,n-1}} & (i = n) \end{cases} \tag{5.2}$$

根据以上公式可得到港口 i 的收益，即为：

$$\Pi_i = \begin{cases} \left(\dfrac{m_{1,2}}{2} + \dfrac{p_2 - p_1}{2ta_{2,1}} - \dfrac{\theta S_{2,1}}{2ta_{2,1}}\right)p_1 - f(S_1) & (i = 1) \\[2ex] \left(\dfrac{a_{i+1,i-1}}{2} + \dfrac{p_{i+1} - p_i}{2ta_{i+1,i}} - \dfrac{p_i - p_{i-1}}{2ta_{i,i-1}} + \dfrac{\theta S_{i,i-1}}{2ta_{i,i-1}} - \dfrac{\theta S_{i+1,i}}{2ta_{i+1,i}}\right)p_i - f(S_i) & (i = 2, \cdots, n-1) \\[2ex] \left(1 - \dfrac{m_{n-1,n}}{2} - \dfrac{p_n - p_{n-1}}{2ta_{n,n-1}} + \dfrac{\theta S_{n,n-1}}{2ta_{n,n-1}}\right)p_n - f(S_n) & (i = n) \end{cases} \tag{5.3}$$

由于 $\dfrac{\partial^2 \Pi_1}{\partial^2 p_1} = -\dfrac{1}{ta_{2,1}} < 0$，$\dfrac{\partial^2 \Pi_i}{\partial^2 p_i} = -\dfrac{1}{ta_{i+1,i}} - \dfrac{1}{ta_{i,i-1}} < 0 \ (i = 2, \cdots, n-1)$ 和 $\dfrac{\partial^2 \Pi_n}{\partial^2 p_n} = -\dfrac{1}{ta_{n,n-1}} < 0$，所以港口利润函数是关于价格的凹函数，在连续价格区间内存在最大值。假设各港口均为理性博弈者，以利润最大为目标，设 $p^* = (p_1^*, p_2^*, \cdots, p_n^*)^T$ 为港口博弈的纳什均衡解，则 $p_i^* \in \mathrm{argmax} \Pi_i (p_i, p_1^*, \cdots, p_{i-1}^*, p_{i+1}^*, \cdots, p_n^*) \ i = 1, 2, \cdots, n$。

1. 完全竞争下的港口定价模型

本节假设原港口群包含 2 个已建港口，港口 1 和港口 2 位置坐标分别为 $(a_1, 0)$ 和

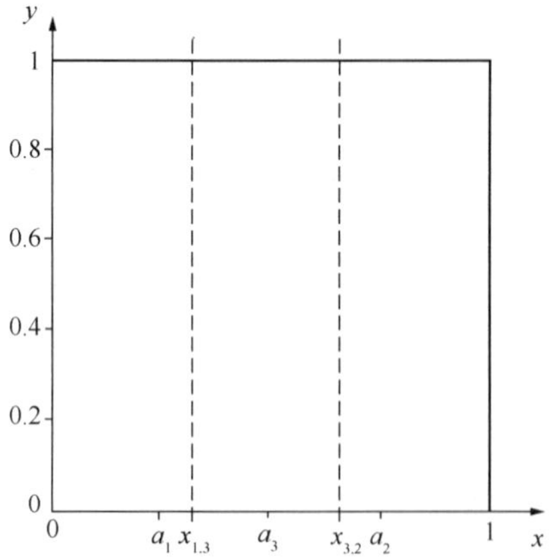

图 5.15　港口群（3 港口）位置示意图

$(a_2, 0)$，新建 1 个港口后港口群包含 3 个港口，为方便与原港口群各港口均衡状态进行对比，设新建港口 3 位置坐标为 $(a_3, 0)$，且 $a_1 < a_3 < a_2$（如图 5.15 所示）。

对于原港口群（2 个港口），为求得纳什均衡解，对每个港口的利润函数求一阶倒数并令其等于零，即 $\dfrac{\partial \Pi_i}{\partial p_i} = 0$，联立得到线性方程组，解得：

$$p_1^* = \frac{ta_{21}(2 + m_{12})}{3} - \frac{\theta S_{21} + l_{21}}{3} \tag{5.4}$$

$$p_2^* = \frac{ta_{21}(4 - m_{12})}{3} + \frac{\theta S_{21} + l_{21}}{3} \tag{5.5}$$

将上式代入（1）式，求得

$$x_{1,2}^* = \frac{2 + m_{12}}{6} - \frac{\theta S_{21} + l_{21}}{6ta_{21}}$$

同理，新建港口 3 后，港口群内各港口在纳什均衡下的最优价格为：

$$p_1'^* = \frac{ta_{31}[a_{23}(a_{21} + 2) + 3a_{21}m_{31}]}{6a_{21}} + \frac{a_{23}(\theta S_{31} + l_{31}) - a_{31}(\theta S_{23} + l_{23}) - 3a_{31}(\theta S_{31} + l_{31})}{6a_{21}}$$

$$\tag{5.6}$$

$$p_2'^* = \frac{ta_{23}[a_{31}(a_{21} + 2) + 6a_{21} - 3a_{21}m_{23}]}{6a_{21}} + \frac{a_{23}(\theta S_{31} + l_{31}) - a_{31}(\theta S_{23} + l_{23}) + 3a_{21}(\theta S_{23} + l_{23})}{6a_{21}}$$

$$\tag{5.7}$$

$$p_3'^* = \frac{ta_{31}a_{23}(a_{21} + 2)}{3a_{21}} + \frac{a_{23}(\theta S_{31} + l_{31}) - a_{31}(\theta S_{23} + l_{23})}{3a_{21}} \tag{5.8}$$

同时，求得相邻港口间的腹地分界线为：

$$x_{1,3}'^* = \frac{a_{21}(3m_{13} + a_{23}) + 2a_{23}}{12a_{21}} + \frac{a_{23}(\theta S_{31} + l_{31}) - a_{31}(\theta S_{23} + l_{23}) - 3a_{21}(\theta S_{21} + l_{21} + \theta S_{31} + l_{31})}{12ta_{21}a_{31}}$$

$$\tag{5.9}$$

$$x_{3,2}'^* = \frac{a_{21}(6 + 3m_{23} - a_{31}) - 2a_{31}}{12a_{21}} + \frac{a_{31}(\theta S_{23} + l_{23}) - a_{23}(\theta S_{31} + l_{31}) - 3a_{21}(\theta S_{23} + l_{23})}{12ta_{21}a_{23}}$$

$$\tag{5.10}$$

2. 合作情况下的港口定价模型

当港口 1 和港口 3 组成合作体开展合作时，以双方共同的利润最大化为目标，合作体利润函数为 $\Pi_{13} = \Pi_1 + \Pi_3 = p_1 D_1 + p_3 D_3 - f(S_1) - f(S_3)$。同理可得，$\dfrac{\partial^2 \Pi_{13}}{\partial^2 p_1} = -\dfrac{1}{t a_{3,1}} < 0$，$\dfrac{\partial^2 \Pi_{13}}{\partial^2 p_3} = -\dfrac{1}{t a_{2,3}} - \dfrac{1}{t a_{3,1}} < 0$ 和 $\dfrac{\partial^2 \Pi_{13}}{\partial p_1 \partial p_3} = \dfrac{1}{t a_{3,1}}$，不难证明，$\Pi_{13}$ 存在最大值。

若港口合作体与港口 2 同时确定服务价格，设纳什均衡服务价格为 $(p_1^{**}, p_2^{**}, p_3^{**})$。联立 $\dfrac{\partial \Pi_{13}}{\partial p_1} = 0$，$\dfrac{\partial \Pi_{13}}{\partial p_3} = 0$ 和 $\dfrac{\partial \Pi_2}{\partial p_2} = 0$，解得：

$$p_1^{**} = \frac{t[2a_{23}(2 + m_{23}) + 3a_{31}m_{31}]}{6} - \frac{3(\theta S_{31} + l_{31}) + 2(\theta S_{23} + l_{23})}{6} \tag{5.11}$$

$$p_2^{**} = \frac{t a_{23}(4 - m_{23})}{3} - \frac{\theta S_{23} + l_{23}}{3} \tag{5.12}$$

$$p_3^{**} = \frac{t a_{23}(2 + m_{23})}{3} - \frac{\theta S_{23} + l_{23}}{3} \tag{5.13}$$

同时，求得相邻港口间的腹地分界线为：

$$x_{1,3}^{**} = \frac{m_{13}}{4} - \frac{\theta S_{31} + l_{31}}{4 t a_{31}} \tag{5.14}$$

$$x_{3,2}^{**} = \frac{2 + m_{23}}{6} - \frac{\theta S_{23} + l_{23}}{6 t a_{23}} \tag{5.15}$$

若港口合作体与港口 3 进行博弈时，港口合作体为先行动者，港口 3 为后行动者，在港口合作体选择服务价格 (p_1, p_3) 后，港口 2 观测到合作体服务价格后，确定自己的服务价格 p_2。因此，此过程为完全信息动态博弈，构建斯坦科尔伯格（Stackelberg）模型，设斯坦科尔伯格均衡服务价格为 $(p_1'^{**}, p_2'^{**}, p_3'^{**})$，使用逆向归纳法求解斯坦科尔伯格均衡解。首先考虑给定 p_1 和 p_3 情况下，港口 2 的最优服务价格策略，即 $\max\limits_{p_2 \geq 0} \Pi_2(p_1, p_2, p_3)$，根据最优化的一阶条件，解得：

$$p_2(p_3) = \frac{p_3}{2} + \frac{t a_{23}(2 - m_{23})}{2} + \frac{\theta S_{23} + l_{23}}{2} \tag{5.16}$$

$p_2(p_3)$ 是当港口 3 的服务价格为当港口 3 选择 p_3 时港口 2 的实际选择。因为港口合作体预测到港口 2 将根据 $p_2(p_3)$ 确定 p_2，因此港口合作体在第一阶段的问题是 $\max\limits_{p_1 \geq 0, p_3 \geq 0} \Pi_{13}(p_1, p_2(p_1, p_3), p_3)$。联立一阶条件解方程组得：

$$p_1'^{**} = \frac{t[a_{23}(2 + m_{23}) + a_{31}m_{31}]}{2} - \frac{\theta S_{31} + l_{31} + \theta S_{23} + l_{23}}{2} \tag{5.17}$$

$$p_1'^{**} = \frac{t a_{23}(2 + m_{23})}{2} - \frac{\theta S_{23} + l_{23}}{2} \tag{5.18}$$

将（17）和（18）式代入 $p_2(p_3)$ 得：

$$p_2'^{**} = \frac{t a_{23}(6 - m_{23})}{4} - \frac{\theta S_{23} + l_{23}}{4} \tag{5.19}$$

将（17）、（18）和（19）式代入（1）式，得到：

$$x'^{**}_{1,3} = \frac{m_{13}}{4} - \frac{\theta S_{31} + l_{31}}{4ta_{31}} \tag{5.20}$$

$$x'^{**}_{3,2} = \frac{2 + m_{23}}{8} - \frac{\theta S_{23} + l_{23}}{8ta_{23}} \tag{5.21}$$

三、 港口市场份额分析

1. 新建港口对港口市场份额影响分析

将式（4）～（8）代入式（2），得到港口 3 建设前港口 1 的市场份额 D_1^* 和港口 2 的市场份额 D_2^*，和港口 3 建设后港口 1 的市场份额 D'^*_1 和港口 2 的市场份额 D'^*_2，具体为：

$$D_1^* = \frac{2 + m_{12}}{6} - \frac{\theta S_{21} + l_{21}}{6ta_{21}} \tag{5.22}$$

$$D_2^* = 1 - \frac{2 + m_{12}}{6} + \frac{\theta S_{21} + l_{21}}{6ta_{21}} \tag{5.23}$$

$$D'^*_1 = \frac{a_{21}(3m_{13} + a_{23}) + 2a_{23}}{12a_{21}} + \frac{a_{23}(\theta S_{31} + l_{31}) + a_{31}(\theta S_{23} + l_{23}) - 3a_{21}(\theta S_{21} + l_{21} + \theta S_{31} + l_{31})}{12ta_{21}a_{31}} \tag{5.24}$$

$$D'^*_2 = \frac{1}{2} - \frac{a_{21}(a_{23} - 3m_{23}) + 2a_{31}}{12a_{21}} - \frac{a_{31}(\theta S_{23} + l_{23}) - a_{23}(\theta S_{31} + l_{31}) - 3a_{21}(\theta S_{23} + l_{23})}{12ta_{21}a_{31}} \tag{5.25}$$

说明港口在均衡状态下市场份额与港口位置、服务水平、陆上运费率和海上运费有关。由于，$\frac{\partial D_1^*}{\partial S_1} = \frac{\theta}{6ta_{21}} > 0$，$\frac{\partial D_1^*}{\partial S_2} = -\frac{\theta}{6ta_{21}} < 0$，$\frac{\partial D'^*_1}{\partial S_1} = \frac{\theta(6a_{21} - a_{23})}{12ta_{21}a_{31}} > 0$，$\frac{\partial D'^*_1}{\partial S_2}$ $= -\frac{\theta(a_{21} + a_{31})}{12ta_{21}a_{31}} < 0$，$\frac{\partial D'^*_1}{\partial S_3} = -\frac{\theta}{3t} < 0$，$\frac{\partial D_2^*}{\partial S_1} = -\frac{\theta}{6ta_{21}} < 0$，$\frac{\partial D_2^*}{\partial S_2} = \frac{\theta}{6ta_{21}} > 0$，$\frac{\partial D'^*_2}{\partial S_1}$ $= -\frac{\theta a_{23}}{12ta_{21}a_{31}} < 0$，$\frac{\partial D'^*_2}{\partial S_2} = \frac{\theta(3a_{21} - a_{31})}{12ta_{21}a_{31}} > 0$，$\frac{\partial D'^*_2}{\partial S_3} = -\frac{\theta}{6ta_{31}} < 0$。由此可知，在完全竞争条件下，港口处于均衡状态的市场份额始终随自身服务水平提高而增加，随其他港口的服务水平提高而减小。由于港口位置固定后改变成本巨大，提升服务水平是增加港口市场份额可以使用的方法之一。

由式（24）和（25）可知，港口 3 的建设对原港口群产生影响，而在港口发展的研究中，主要关注市场份额和腹地范围的变化情况，以下将分别研究新建港口对已建港口市场份额和腹地范围的影响。

命题 1 在完全竞争条件下，如果 3 个港口服务水平和水运费用始终相等，新建港口 3 导致港口 1 和港口 2 的市场份额减小。

证明 令 $\Delta D_1 = D_1^* - D'^*_1$，当 3 个港口服务水平和水运费用相同时，经整理，得：

$$\Delta D_1 = \frac{a_{21}(4 + 2m_{12} - 3m_{13} - a_{23}) - 2a_{23}}{12a_{21}} = \frac{a_{21}(4 + a_{23} - m_{13}) - 2a_{23}}{12a_{21}} \tag{5.26}$$

由于 $a_{23}<a_{21}$，$m_{13}<2$，则

$$\Delta D_1 > \frac{a_{21}(4+a_{23}-m_{13})-2a_{21}}{12a_{21}} = \frac{a_{23}+(2-m_{13})}{12} > 0 \tag{5.27}$$

可知新建港口 3 将导致港口 1 的市场份额减小。由于 $0<a_1<a_3<a_2<1$ 始终存在，通过坐标系转换易证明新建港口 3 导致港口 2 的市场份额减小。

一般情况下，腹地分界线位于相邻两港口中间区域。若出现港口腹地覆盖相邻港口，则为港口腹地的"吞噬"效应。"吞噬"效应的出现通常与港口位置和服务水平有关，命题 2 将对完全竞争下的港口腹地"吞噬"效应做详细分析。

命题 2 在完全竞争均衡状态下，如果 3 个港口服务水平和水运费用相同，当 $a_1>\frac{a_2+2}{7}$ 时，对于 $\forall a_3 \in (a_1,a_2)$，始终出现港口 1 位于港口 3 腹地内；当 $\frac{a_2}{3}<a_1<\frac{a_2+2}{7}$ 时，对于 $\forall a_3 \in (\frac{(a_2-a_1)(9a_1-a_2)-2a_2}{2(a_1-a_2+1)},a_2)$，出现港口 1 位于港口 3 腹地内；当 $a_1<\frac{a_2}{3}$ 时，对于 $\forall a_3 \in (a_1,a_2)$，港口 1 始终位于港口 3 腹地外。

证明 在完全竞争均衡状态下，当 3 个港口服务水平和水运费用相同时，$x'^{*}_{1,3} = \frac{a_{21}(3m_{13}+a_{23})+2a_{23}}{12a_{21}}$，则 $\frac{\partial x'^{*}_{1,3}}{\partial a_3} = \frac{2(a_{21}-1)}{12a_{21}} < 0$，因此港口 1 与 3 分界线 x 轴坐标随港口 3 位置 x 轴坐标增加而减小。

如果 3 个港口服务水平和水运费用分别相同时，式（9）改写为：

$$x'^{*}_{1,3} = \frac{a_{21}(3m_{13}+a_{23})+2a_{23}}{12a_{21}} \tag{5.28}$$

若港口 1 始终位于港口 3 腹地外，则要求当 $a_3=a_2$ 时，$x'^{*}_{1,3}>a_1$。将以上条件代入（28）式得 $a_1<\frac{a_2}{3}$。若港口 1 始终位于港口 3 腹地内，则要求当 $a_3=a_1$ 时，$x'^{*}_{1,3}<a_1$。将以上条件代入（28）式得 $a_1>\frac{a_2+2}{7}$。当 $\frac{a_2}{3}<a_1<\frac{a_2+2}{7}$ 时，出现港口 1 位于两港口分界线上，则 $x'^{*}_{1,3}=a_1$，代入（28）式得 $a_3=\frac{(a_2-a_1)(9a_1-a_2)-2a_2}{2(a_1-a_2+1)}$，由于 $\frac{\partial x'^{*}_{1,3}}{\partial a_3}<0$，因此，当 $\frac{(a_2-a_1)(9a_1-a_2)-2a_2}{2(a_1-a_2+1)}<a_3<a_2$ 时，出现港口 1 位于港口 3 腹地内。

由上可知，港口腹地的"吞噬"效应与 3 个港口的位置相关。命题 1 对完全竞争下港口 1 被港口 3 的腹地吞噬的具体条件进行了证明。当港口 3 远离港口 1 过程中，港口 1 通过放弃本地周围市场份额而采取较高的价格策略获得最大利润。只有当 $a_1>\frac{a_2+2}{7}>\frac{2}{7}$，即港口 1 拥有后方市场优势，港口 1 才会始终放弃自身周边地区市场份额以保证最高利润。当 $a_1<\frac{a_2+2}{7}$，即港口 1 后方市场有限时，港口 1 采取较低的服务价格策略以阻止港口 3 对市场的侵占，因此若港口 3 位置距港口 1 较近，港口 3 被港口 1 腹地吞噬。因此，港口腹地范围的变化是在一定空间条件下，港口之间通过采取价格策略保证利润最大化的

结果，后方市场的存在可以为港口提供更大的服务定价优势。除此之外，港口服务水平也是影响港口腹地范围的重要因素，由（9）式等号右侧第二项不难得到，港口 1 提升服务质量也是港口扩大市场份额的方式之一，且其效果随港口 1 和 3 距离增大而减小（如图5.16）。

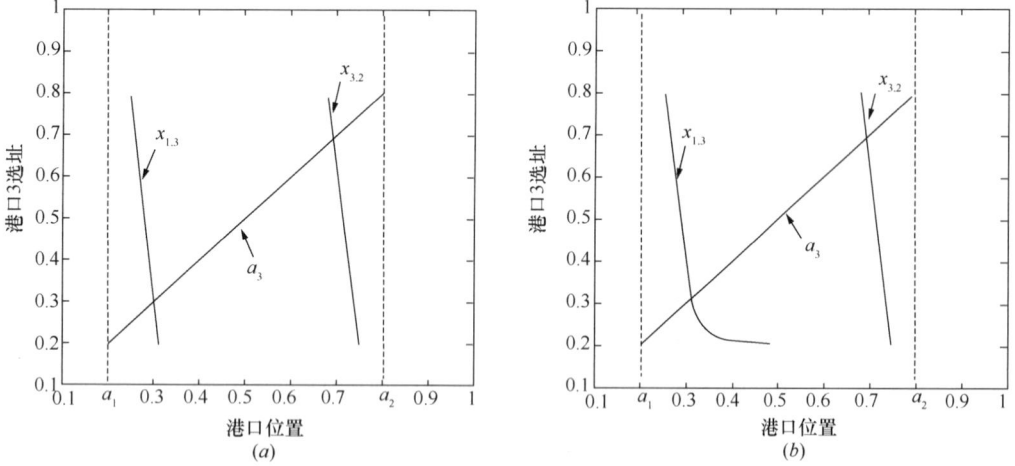

图 5.16 $x_{1,3}$ 和 $x_{3,2}$ 随 a_3 变化情况（$a_1=0.2$　$a_2=0.8$）

(a) $S_1=S_2=S_3=0.2$ (b) $S_1=0.22$　$S_2=S_3=0.2$

2. 不同竞合策略下的市场份额分析

下面分析港口 1 与港口 3 采取合作策略前后的市场份额变化情况。在港口 1 与港口 3 组成合作体后，由式（2）和（14）可得市场份额和 D_{13}^{**} 为：

$$D_{13}^{**} = D_1^{**} + D_3^{**} = \frac{2+m_{23}}{6} - \frac{\theta S_{23}+l_{23}}{6ta_{23}} \tag{5.29}$$

完全竞争下，港口 1 与港口 3 的市场份额和为 D'_{13}，由式（24）和（25）可得：

$$D'^{*}_{13} = D'^{*}_1 + D'^{*}_3$$

$$= \frac{a_{21}(6+3m_{23}-a_{31})-2a_{31}}{12a_{21}} + \frac{a_{31}(\theta S_{23}+l_{23})-a_{23}(\theta S_{31}+l_{31})-3a_{21}(\theta S_{23}+l_{23})}{12ta_{21}a_{23}}$$

如果 3 个港口服务水平和水运费用相同，则港口 1 与港口 3 合作后与合作前市场份额相差为：

$$\Delta D_{13}^{**} = D_{13}^{**} - D'^{*}_{13} = \frac{2+m_{23}}{6} - \left(\frac{6+3m_{23}-a_{31}}{12} - \frac{a_{31}}{6a_{21}}\right)$$

$$= \frac{2+m_{23}}{6} - \frac{6+2m_{23}+m_{21}}{12} + \frac{a_{31}}{6a_{21}} < \frac{3+m_{23}}{6} - \left(\frac{3+m_{23}}{6} + \frac{m_{21}}{12}\right) < 0$$

$$\tag{5.30}$$

所以，在港口 1 与港口 3 采取合作策略后，两港口可避免基于服务价格的博弈从而通过提高价格提高港口的利润，导致合作体市场份额较原有市场份额降低。

当港口 1 和 3 组成的合作体作为先行动者时，合作体的市场份额为 $D'^{**}_{13} = D'^{**}_1 + D'^{**}_3 = \frac{2+m_{23}}{8} - \frac{\theta S_{23}+l_{23}}{8ta_{23}}$。如果 3 个港口服务水平和水运费用相同，则港口合作体在先

行动和同时行动下的市场份额之差为 $\Delta D'^{*}_{13}=D'^{*}_{13}-D^{*}_{13}=-\dfrac{2+m_{23}}{12}<0$。因此，在市场份额方面，港口 2 具有"后发优势"，可在已知合作体定价策略基础上确定价格，有助于扩大市场份额。

四、 港口利润分析

1. 新建港口对港口利润影响分析

本节中港口运营的目标是实现利润最大化，因此需要分析新建港口和不同竞合策略对各港口利润的影响。由于港口 2 始终位于港口 1 的右侧，港口 2 的位置可在坐标系转换（$x'=1-x$）后移至港口 1 左侧，且坐标转换后 x 轴范围仍为 $[0,1]$。因此港口 2 利润的变化可在对港口 1 分析的基础上通过坐标转换得到，本节不再做具体描述。

将式（4）~（8）代入式（3），得到新建港口 3 前，港口 1 的利润为 Π^{*}_{1}，港口 3 建设后，港口 1 和港口 3 的利润分别为 Π'^{*}_{1} 和 Π'^{*}_{3}，具体为：

$$\Pi^{*}_{1}=\frac{ta_{21}(2+m_{21})^2}{18}+z^{*}_{1}-f(S_1),\quad z^{*}_{1}=F^{*}_{1}(S_1,S_2,l_1,l_2) \tag{5.31}$$

$$\Pi'^{*}_{1}=\frac{ta_{31}\lfloor a_{23}(2+a_{21})+3a_{21}m_{31}\rfloor^2}{72a^{2}_{21}}+z'^{*}_{1}-f(S_1),\quad z'^{*}_{1}=F'^{*}_{1}(S_1,S_2,S_3,l_1,l_2,l_3) \tag{5.32}$$

$$\Pi'^{*}_{3}=\frac{ta_{31}a_{23}(2+a_{21})^2}{18a_{21}}+z'^{*}_{3}-f(S_3),\quad z'^{*}_{3}=F'^{*}_{3}(S_1,S_2,S_3,l_1,l_2,l_3) \tag{5.33}$$

且当 $S_1=S_2=S_3$，$l_1=l_2=l_3$ 时，$z^{*}_{1}=z'^{*}_{1}=z'^{*}_{2}=0$。

命题 3 如果 3 个港口的服务水平和水运费用分别相同，港口群内港口处于完全竞争状态下，港口 1 与 2 的利润较港口 3 建设前均将下降；同时，港口 3 建设后，港口 1 或 2 与港口 3 的总利润小于港口 3 建设前的利润。

证明 略。

2. 不同竞合策略下港口利润分析

下面分析港口 1 与港口 3 采取合作策略前后的利润变化情况。在港口 1 与港口 3 组成合作体后，由式（3）和式（11）~（14）可得利润 Π^{**}_{13} 为：

$$\Pi^{**}_{13}=\Pi^{**}_{1}+\Pi^{**}_{3}=\frac{4ta_{23}(2+m_{23})^2+9ta_{31}m^{2}_{31}}{72}+z^{**}_{13}-f(S_1)-f(S_3) \tag{5.34}$$

$$z^{**}_{13}=F^{**}_{13}(S_1,S_2,S_3,l_1,l_2,l_3)$$

且当 $S_1=S_2=S_3$，$l_1=l_2=l_3$ 时，$z^{**}_{13}=0$。

如果 3 个港口的服务水平和水运费用分别相同，港口 1 和港口 3 在合作前后利润之差为：

$$\Delta\Pi^{**}_{13}=\Pi^{**}_{13}-\Pi'^{*}_{13}$$

$$=\frac{4ta_{23}(2+m_{23})^2+9ta_{31}m^{2}_{31}}{72}-\frac{ta_{31}[a_{23}(a_{21}+2)+3a_{21}m_{31}]^2+4ta_{31}a_{23}a_{21}(a_{21}+2)^2}{72a^{2}_{21}}$$

$$=\frac{t}{72a^{2}_{21}}\{a^{2}_{23}[4a_{21}(m_{21}+2)^2-a_{31}(a_{21}+2)^2]+a_{31}a_{23}a_{21}m_{31}[2(a_{21}+2)+m_{31}]\}$$

$$\tag{5.35}$$

由于 $a_{31} < a_{21} < m_{21}$，则 $\Delta\Pi_{13}^{*} > 0$。因此，当服务水平和水运费用分别相同时，相邻港口采取合作策略，能够提升合作双方的总利润，提升额度与港口位置有关，当服务水平和水运费用不同时，港口合作体合作前后的利润与港口位置、服务水平和水运费用有关。

命题 4 如果港口 2 和港口 3 的服务水平和水运费用分别相同，在港口 1 与港口 3 合作后作为先行动者时，港口 2 具有"后发优势"，其利润大于合作体与港口 2 同时行动时的利润。

证明 将式（12）和式（15）代入式（3）中，得到港口 1 与港口 3 采取合作策略，且与港口 2 同时行动时，港口 2 的利润 $\Pi_2^{**} = \dfrac{ta_{23}(4-m_{23})^2}{18} + z_2^{**} - f(S_2)$，$z_2^{**} = F_2^{**}(S_2, S_3, l_2, l_3)$。当 $S_2 = S_3$，$l_2 = l_3$ 时，$z_2^{**} = 0$。

将式（21）和式（19）代入式（3）中，得到港口 1 与港口 3 采取合作策略，且为先行动者时，港口 2 的利润 $\Pi_2'^{**} = \dfrac{ta_{23}(6-m_{23})^2}{32} + z_2'^{**} - f(S_2)$，$z_2'^{**} = F_2'^{**}(S_2, S_3, l_2, l_3)$。当 $S_2 = S_3$，$l_2 = l_3$ 时，$z_2'^{**} = 0$。

如果港口 2 和港口 3 的服务水平和水运费用分别相同，设港口 2 在港口合作体采取不同行动策略下的利润差为 $\Delta\Pi_2^{**}$，由上式可得：

$$\begin{aligned}
\Delta\Pi_2^{**} &= \Pi_2^{**} - \Pi_2'^{**} = \frac{ta_{23}(4-m_{23})^2}{18} - \frac{ta_{23}(6-m_{23})^2}{32} \\
&= \frac{ta_{23}}{2}\Big[\Big(\frac{4-m_{23}}{3}\Big)^2 - \Big(\frac{6-m_{23}}{4}\Big)^2\Big] < 0
\end{aligned} \tag{5.36}$$

因此，在港口 1 与港口 3 合作后作为先行动者时，港口 2 具有"后发优势"，其利润大于合作体与港口 2 同时行动时的利润。该现象说明，当港口 2 拥有信息优势，即先获知港口合作体的定价策略，再确定自身价格，有利于提升利润水平。但若合作体先行动，港口 2 在决策之前不能观测到港口合作体的价格，此时不再存在港口 2 "后发优势"，仍为同时行动下的均衡状态。

第6章 港口供应链的运输网络优化

随着经济全球化和供应链管理的快速发展，港口已不再是单一的运输、服务、物流中心，作为运输供应链和价值供应链上重要的节点，港口运输系统对提高车船周转速度和物流效率，缩短货物流通的时间等具有重要的作用。

在区域港口近洋运输系统中，停靠的船舶类型因各港口自然条件及生产规模不同而大相径庭；因此，在港口航线网络决策中需要根据港口自身条件以及船舶运输的规模经济性，考虑区域内各个港口到目的港之间的航线类型，即出发港口——目的港口航线，或出发港口——区域内枢纽港——目的港口航线。

第1节 运输网络系统及优化

运输成本一般占整个供应链物流成本的 $1/3 \sim 2/3$，因而运输优化是降低供应链物流成本的重点。通过确定运输工具在公路网、铁路网、水运航道和空运航道的最佳路线和最佳运送量，缩短运输时间和运输距离，可最大程度地降低运输成本。

一、运输优化的定义

运输优化是以物资的自然流向为依据，以物流系统的总体目标为出发点，以系统理论、系统工程原理和方法为指导，以运筹学等数量方法建立模型和图表，充分发挥各种运输方式优点，合理规划选择运输线路和运输工具，以路径最短、环节最少、速度最快、费用最低为原则，得到物质产品的最优运输方案，避免不合理运输情况和次优化的出现。

构建运输优化模型的目的是制定一个合理的调运方案，确定供应点（一个或多个）到需求点（一个或多个）之间的供需联系和最优搭配，使总的运输费用最小。

二、集装箱运输空间网络

1. 集装箱运输空间网络的形成

集装箱运输作为标准化运输的重要方式，革新了传统的运输体系及货源组织体系，改变了运输的空间组织结构，形成了基于集装箱港口的海上及陆上运输网络体系。

（1）海上集装箱运输网络体系

班轮运输是集装箱运输的基本特点，集装箱船舶班期应与船舶规模及货物相协调，班期过于密集则集装时间短，难以达到箱位要求，班期过于稀疏则难以满足货主要求，班轮公司的集装箱船更加趋向于挂靠全球有限几个大港，导致集装箱港口枢纽港与支线港的分离，不利于提高市场占有率。

港口自身存在规模效益，一般大规模港口运作体系更加完整，港口运行效率较高，从而缩短大型集装箱船的在港停泊时间，降低成本。应用"马太效应"分析，枢纽港与支线港的分离加剧，集装箱运输形成以枢纽港和支线港、干线航班和支线航班为主的海上运输网络体系。如图 6.1 所示。

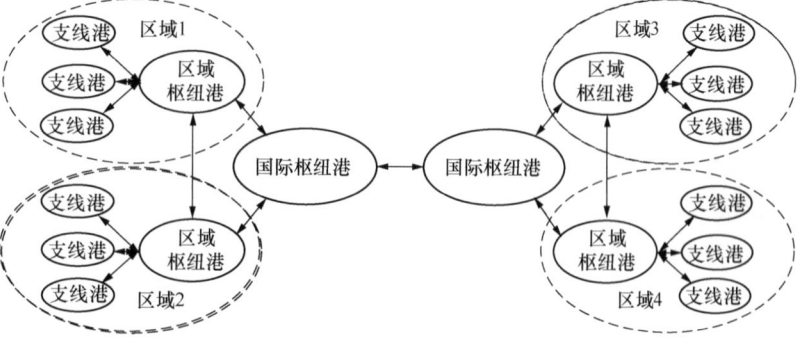

图 6.1　集装箱海上运输网络体系图

　　沿海支线集装箱运输网络是以沿海干线集装箱挂靠港为枢纽港，以周边存在运输需求的区域性小港口为支线港，为完成区域性货物集散而形成的区域性集装箱运输网络。整个运输网络的货物流是集装箱物流系统的重要组成部分，支线港口是区域性枢纽港和干线运输的重要支撑，也是港口腹地延伸的基础。随着集装箱运输的发展，区域性枢纽港规模不断扩大，其覆盖的支线港口不断增加，沿海支线集装箱运输网络的形式不断完善，由最初的支线港口对枢纽港的点到点直航补给运输，逐步演变成为多种航线方式搭配的航线网络。

（2）陆上集装箱运输网络体系

　　内陆运输网络体系是以枢纽港、支线港及中转站为节点，以节点间运输方式为连接的新型复杂运输网络体系。在大规模生产方式中，以多式联运的方式发展集装箱运输，是进一步提高运输效率，降低运输成本的重要方法。

2. 集装箱运输空间网络优化

　　长期以来，普通件杂货运输存在着运输效率低、运输时间长，货损、货差严重，货运手续复杂等诸多问题。集装箱运输吸取各种运输方式的优点，为远程的门到门运输创造了条件；改变了传统的货源组织装卸方式，大大提高装卸的机械化程度，提升了港口的作业效率；简化了包装作业过程，节省了大量包装费用，促进运输高效化、信息化、标准化的实现。

　　船公司为降低单箱成本，追求航运规模效益，不断提高船舶吨位，在干线和支线集装箱运输上投入更大的船舶。船舶大型化导致挂靠的港口数量减少，促进每个大航区内以枢纽港为中心的支线网络结构的完善，提高集装化的水平和集装箱运输的效率，增强航运企业的运输规模经济性。

　　集装箱运输网络优化是指在合理布局集装箱枢纽港及内陆中转站的基础上，对特定集装箱的运输通道情况进行评价，寻找总运营成本最小、收益最大时的运送路径及集装箱运输通道的最优布局。通过建立一种与集装箱运输规律相适应的集装箱运输网络体系，进行港口优化和中转站优化，并在港口及中转站优化基础上寻找运输通道的合理布局，实现各种集装箱运输资源的合理配置。

三、 港口供应链运输网络优化研究现状

国外在港口物流方面的研究主要集中在港口的发展、港口物流的功能、港口物流服务评价等方面，相关的研究文献在过去二十年开始出现。具体包括：联合国贸易和发展会议（UNCTAD）先后提出的"第三代港口"和"第四代港口"的概念（第三代港口：港口除了提供货物装卸功能以外，在服务方面超出原来的服务界限，增加了仓储、包装及信息、服务、配送等综合一体化增值服务，加强了港口与所在城市的联系。第四代港口：地理位置分离，但经营或管理策略相同，提供一体化物流服务，如全球性投资的多港口组成的公司，即港口与港口联盟）；Harding and Juhel（1997）利用一般物流服务和增值物流服务的概念对港口物流潜力做出了评价；Paixao 和 Marlow（2003）认为第四代港口所拥有的物流系统必须具有精细性和敏捷性；Lee et al（2003）从供应链管理（SCM）角度模拟研究集装箱码头的物流计划；Klin（1995）认为港口是货物在国际贸易运输过程中重要的运输节点，它决定着物流网络中的海运和内陆运输能否进行有效的连接，港口的核心任务就是实现货物在各种运输方式之间或同种运输方式之间进行合理的资源配置。除此以外，很多文献里也有学者认为港口作为物流中心在未来将会有很大的发展空间，在海运和多式联运系统中将处于中重要的节点地位，例如，Notteboom（2002）系统地研究了多式联运系统的参与港口物流的发展，并分析了多式联运给港口带来的影响。

近几年，关于港口物流的研究国内学者也开展了很多卓有成效的工作，研究内容涵盖港口物流基本定义、物流发展策略和评价、港口物流体系规划、物流系统仿真和优化等方面。具体的相关文献有王玲、魏然（2005）认为必须从港口物流基础设施、物流信息、物流运营、相关产业、协调支持等五个子系统的相互作用来研究港口功能转变与物流系统如何构建的问题；唐海龙、胡霞（2004）认为应该从搭建服务链条、重构业务体系、提供海运货物全程一体化服务以及转变物流服务功能等方面发展现代港口物流，构建港口现代物流服务体系；郭子坚等（2016）对沿海港口集疏港道路容量可靠性进行了研究；刘立辉（2005）认为在构建港口物流链时要把供应链管理的理念融入港口物流中，使港口企业与其他相关企业融合成整体。

综上所述，目前港口物流主要以定性分析为主，系统的理论研究还比较缺乏。此外，港口物流研究也仅考虑某港口码头本身的内部物流或某一个港口的整体物流，没有系统而宏观地考虑某区域港口群全局物流网络。

第2节　港口供应链的运输网络结构

一、 与运输商联合的港口供应链

与运输商联合的港口供应链是指港口与运输企业达成某种协议，在共享信息和共担风险的基础上，共同经营途经港口的货物运输的过程，是港口供应链构建的重要形式。

为顺应经济全球化的发展需求，提高港口在国际运输系统中的竞争力，发展与运输商联合的港口供应链模式是保障港口供应链运行畅通、充分发挥港口供应链优势的关键，对于推动港口物流和现代物流发展有至关重要的意义。其结构如图 6.2 所示：

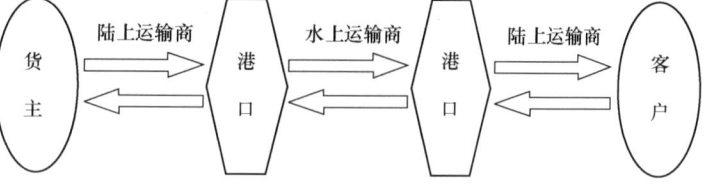

图 6.2　与运输商联合的港口供应链结构图

运输商是港口供应链上的重要组成部分，紧密连接其各个环节，可以分为海上运输商（主要指航运企业）和陆上运输商两类。

港口与陆上运输商联合运输可以在陆上建立以港口为端点、以多式联运为运输通道的内陆运输网络体系。多式联运的效率与选择的运输方式和运输路径有关，在综合考虑运输费用和时间的基础上，合理选定各段运输过程采用公路、铁路等运输方式，在此基础上进行运输路径优化。

运输方式的选择应根据具体需求合理选择，充分发挥公路和铁路的运输优势。港口与公路联合，可将公路货物运输网络建设在港口物流中心的邻近处，提高港口与腹地之间货物的运输效率，扩大港口吞吐量需求的潜力；港口与铁路联合，可将铁路线引入港区物流中心，方便货物直接进出港运输，促进海铁联运发展。

港口与海上运输商联合也称港航联合，一般为港口与船公司等航运企业为满足货主需求进行合作，形成四通八达的水路运输网络。

港口与船公司的合作主要有投资码头建设和投资基础设施建设两种。港口与船公司联合投资建设码头，可减轻港口投资压力，降低投资风险，充分发挥大型航运公司的货源优势；港口与航运企业共同建设码头基础设施，如物流园区、仓库、堆场等，增加二者的共同利益，可吸引船舶到港，扩大港口吞吐量。

二、 港口供应链的运输网络构成

港口供应链的运输网络一般由港口腹地物流中转节点、港口、各种运输方式三部分组成。

1. 港口腹地物流中转节点

在港口运输网络中，港口腹地物流中转节点起物流中转枢纽的作用，其供求关系在一定程度上决定了港口物流量的规模，可按照运输方式、用途及规模进行分类，如图 6.3 所示：

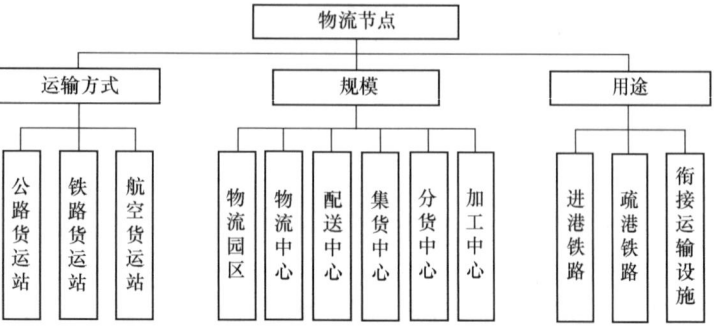

图 6.3　港口腹地物流节点分类

2. 港口

为顺应全球供应链的发展，港口逐渐发展成为综合运输体系网络中的中心节点，参与生产到消费的全过程，包括港口设施（泊位、码头、堆场、仓库）、集疏运方式、道路、通信等港口物流服务设施。通过港口与海、陆运输商相连，港口供应链集成多种运输方式，联系世界各地的供应商和消费者，产生了多种物流形态。

3. 运输方式

运输方式是指以运输工具和运输线路为标志的各种交通运输类型的统称。我国基本的运输方式主要为铁路、水路、公路、航空和管道，其中港口供应链的运输方式以铁路、公路、水路运输为主，其优缺点比较如表 6.1 所示。

港口供应链运输方式的优缺点比较　　　　　　　　　　　　　　　表 6.1

运输方式	优　　点	缺　　点
公路运输	方便、快捷，能提供点到点服务，灵活性和机动性比较强，受天气条件影响比较小，适用于中短途、小批量货物运输	运量小，排放的废气污染严重，费用高
铁路运输	速度快，单次运量大，安全和环保性能较公路运输好，运输费用较低，受天气影响比较小，适用于中长距离大批量运输货物	近距离运输成本高，灵活性和机动性较差
水路运输	运输费用相比铁路运输还要低廉，运量巨大，适用于大批量散装货中长途运输	运输速度比较慢，码头装卸费用高，受地理位置、季节和天气变化影响大，安全性和准时性较差

三、　港口供应链的运输网络影响因素

从港口供应链运输网络的构成来看，运输网络主要受港口及腹地中转节点的布局建设与规模、运输过程中运输方式和路径的选择等因素的影响。

1. 腹地中转节点的布局及规模对运输网络的影响

腹地中转节点的选择和布局是运输网络结构优化中的重要决策问题，合理的布局和规模可提高货物中转和集散效率，有效降低港口物流成本，其优化结果对港口决策者有重要参考价值。

2. 运输方式和路径的选择对运输网络的影响

运输费用在物流费用中占比较高，为减少物流费用，降低物流成本，应通过选择经济的运输方式和运输路线，开展运输环节少、里程短的合理运输，节省运输费用。

（1）运输方式的选择

运输方式的选择没有统一规定的标准，应在遵循以下基本原则的基础上，根据具体条件进行分析和优化。运输方式的选择原则有：

① 经济性原则

经济性原则是考虑运输方式选择的主要因素，指在选择运输方式时，尽量选择运输费

用和管理费用比较低的运输方式，从而节省运输费用的支出，降低物流成本。

② 安全性原则

安全性原则是指在运输过程中确保运输的商品完整，质量损失在协议允许范围内，且运输工具设备和运输人员安全的原则。

③ 及时性原则

及时性原则是指承运人保证在托运人要求的时间内把商品及时地送到托运人所指定的目的地。承运人应根据运输速度和可靠程度选择运输方式，确保及时到货。

④ 准确性原则

准确性原则是指承运人按照托运人的要求把产品无差错、无事故、准确无误地运到交货地点，防止发生商品短缺、错放等意外事故。

⑤ 方便性原则

方便性原则主要是指运输过程中简化手续，减少工作层次，减少非运输时间损耗，提高服务质量。

托运人在货物托运之前，一般对承运人在不同运输方式中的能力进行考察分析，结合货物特性、时间要求、承运人水平等，权衡以下各种主要影响因素，选择合适的运输方式和承运人。影响托运人选择运输方式的主要因素有：

① 运输费用

运输费用包括货物的在途运费和提供额外服务的所有附加费用或者运输的端点费用，与货物自身属性及运输方式有关，具体表现为货物的种类、重量、体积、运距以及不同运输方式承运人的报价。运输费用往往是托运人选择运输方式时最重要的影响因素，但并非运输方式的决定因素。运费与其他物流子系统之间存在着互为利弊的关系，根据托运人与承运人之间以及承运人之间博弈的结果，确定运费及总成本，选择最佳运输方式。

② 运输时间

运输时间通常指货物从起点运输到终点所耗费的平均时间，为衡量不同运输方式的服务水平，统一采用平均运输时间（天数），是最重要的运输服务指标。公路等运输方式可提供起点终点之间的直接运输服务，而铁路等运输方式需通过其他运输方式进行转运，平均运输时间统一采用门到门的运送时间衡量。运输时间与运费呈正相关，缩短运输时间，可以极大缩短整个物流时间，便于托运人资金周转，提高资金利用率和托运人的竞争力。

③ 运输能力

不同运输方式的运输能力受运输工具、通行能力、运输路线等影响，差异较大。公路的运输能力主要与汽车运输能力有关，与铁路、水路相比，承运的货量较小，种类较少；空运的运输能力主要受飞机货舱尺寸及承重能力的限制，一般用于运输重量较轻、体积较小、价值较高的货物；铁路运输和水路运输的承载能力较大，可运送大量多种货物，运输能力较大。

④ 服务水平

服务水平指一方企业从另一方企业可能得到的服务程度或服务质量。现代物流企业的服务水平逐渐成为企业竞争的重要因素，承运人提供良好的顾客服务，而非单纯的物流运输服务，有利于保持客户，发展货源。

⑤ 可靠性

可靠性指相同起点和终点，同种运输方式下多次运输的时间变化，一般采用平均运输时间的方差或标准差来衡量运输服务的稳定性，标准差越小，可靠性越高。运输在途时间受天气、经停中转次数、路况、交通管制等情况影响，进而影响运输可靠性。

⑥ 安全性

承运人需根据货物要求选择合适的运输方式，以保证货物、运输工具和设备及运输人员的安全性。

⑦ 环保性

环保性是指以经济可持续发展为基础，在物流过程中节能减排，循环利益相关资源，减轻环境污染，充分利用资源，实现环境友好型绿色化运输。

⑧ 可达性

可达性是指某种运输方式在两个地点之间运输的线路情况和便利程度，如水路运输需要水运航线，铁路运输需要铁路线，否则可达性为零。

⑨ 信用与信誉

信用指授信人信任受信人的偿付承诺，使受信人可先获取商品、服务或货币再进行偿付的动态经济过程。信用表现为履约状况和守信程度，反映权利和义务的关系。

信誉指依附在人与人、单位和商品交易之间形成的一种相互信任的生产关系和社会关系，用来评定各类经济组织履行各种经济承诺的能力以及可信任程度，构成了信任双方自觉自愿的反复交往，也是社会正常运转和市场正常交易的重要保证。

对运输方式选择的参考方法主要有以下几类：

① 经验判断法

直观判断法是根据对不同运输方式的调查结果，主观定性地进行分析、衡量、评价的一种方法，决策者主要依靠经验做出判断。

② 总成本最小法

总成本最小法即确定运输服务的成本与该运输服务水平导致的相关间接库存成本达到平衡的运输服务，即在满足客户要求的前提下选择包含库存成本和途中库存成本在内的总成本最小的运输方式。

③ 博弈法

博弈法是指充分考虑竞争对手的行为选择及对自己行为选择的影响，构建包含多种运输方式的博弈矩阵，运用相关理论找到均衡点，确定风险最小、效益最高的方案。

④ 模型评价法

模型评价法即先确定可行的运输方式集合，根据实际情况建立选择模型，输入约束条件，计算输出可行解，即可行的运输方案。然后应用层次分析法，将影响运输方式的因素分级并两两比较，比较结果形成判断矩阵，综合分析得到相关因素的权重，根据最大权重的原则确定最优运输方案。

通过对各种运输方式优缺点和适应条件的比较，分析选择运输方式的原则和承运人所考虑的因素，在多式联运中要综合考虑这些因素，为货物的准时、安全到达选择合适的运输方式。

（2）运输路径的选择

在供应链的运输网络优化研究中，建立数学模型并寻求最优可行解，得到合理的运输路径，可以缩短运输时间，降低运输成本，减少运输质量损失。一般先明确运输目标，再选择适当的数学模型，输入约束条件，寻优求解。

运输路径的选择应遵循以下原则：

① 运输路程最短

运输路程缩短一方面意味着运输时间和运输成本的节省，满足托运人对货物准时性的要求；另一方面减少计算量，更快得到最优解。

② 运输成本最低

从承运人企业效益出发，运输成本是最重要的影响因素，选择运输路径时应着重考虑。

③ 效益最高

从承运人与托运人双方效益出发，运输路径选择应兼顾双方利益，避免双方利益冲突。

④ 送货准时性最高

承运人应根据协议要求，权衡运输成本与货物的准时性要求，满足运输的准时性。

运输路线的选择类型有：

① 资源分配型

运输资源包括运输人员、运输工具和设备、投入的运输成本等，一般采用线性规划、动态规划和目标规划等数学模型，通过求解最优解，合理安排和分配有限的运输资源。

② 输送型

确定道路情况、车辆数量、货物数量等输送条件，采用图论、网络理论、规划理论等模型求解最优解，使运输费用最低。

③ 等待服务型

一般采用排队论模型，了解托运人到来的规律，确定托运人等待的时间，寻求使运输时间最少而费用最低的优化方案。

④ 指派型

采用整数规划和动态规划模型解决指派问题和排序问题，以最小费用或最少时间完成全部任务。

⑤ 决策树

应用决策论相关模型和技术支持，在复杂经济影响因素和多样的解决途径措施中做出决策，寻找最优方案。

⑥ 其他模型

投入产出型、布局选址型、解释预测型等模型也适用于解决该类问题，实际中应根据具体问题分析采用。

建立优化模型确定运输路径时，应根据实际情况输入约束条件，包括道路交通网络、车辆的载重情况、车辆运行限制等静态因素，以及多式联运过程中货物的换装次数、库存等不确定性因素。

第3节　港口供应链的运输网络优化模型

一、 港口供应链的运输网络优化问题概述

在供应链模式下，港口运输网络结构优化不是简单的中转节点的选址问题，从综合考虑港口决策者（政府）和企业或用户两个层面的角度，应该在基于最小费用流以及各种交通运输方式合理分配的基础上，通过对港口中转节点布局与规模、路径选择以及运量分配等层面对运输网络结构进行优化。

随着国际运输的发展和运输网络体系的完善，港口功能分化趋势日趋明显，区域港口可分为枢纽中心港、支线港和喂给港。货物通过枢纽中心港集散和中转是否经济合理应按具体情况分析。一般来说，区域枢纽中心港存在地理位置优势，可以集中区域其他始发港口的货源，实现规模运输。如果枢纽中心港的地理位置无明显优势，偏离运输干线，或聚集货源能力不足，在此中转往往导致成本较高，得不偿失。

目前，集装箱运输已成为当今海运市场的主流，形成了以班轮运输为主的干线港与支线港相分离的集装箱运输体系。干线航班为大型船舶在干线港进行货物运输，支线航班为中小型船舶在支线港之间进行货物集散，为干线航班集结或疏运远洋的集装箱。各干线港由不同航线交叉联结，形成全球集装箱航运网络，港口互通互达。优化集装箱班轮航线网络，可极大提高货物中转集散效率，降低运营成本，提高航运企业服务质量。

二、 运输系统优化方法

运输网络优化是一个组合优化问题。所谓组合优化问题通常可描述为：令 $\Omega = \{s_1, s_2, \cdots, s_n\}$ 为所有状态构成的空间，$C(s_i)$ 为状态 s_i 对应的目标函数值，要求寻找最优解 s^*，使得 $\forall s_i \in \Omega, C(s^*) = \min C(s_i)$。运输网络优化问题一般有两个重要特征：

① 问题规模大，一般为多变量，涉及大量约束；

② 问题复杂，变量之间的关系涉及整个网络。

假设网络中有 n 个连接，每个连接有 m 维，则有 m^n 种组合。以一个含有 30 个连接，每个连接只有 2 维的小规模网络为例，有 2^{30} 种可能的组合，增加一个连接，就会增加 10^9 种组合。在实际问题中，每增加一个港口，组合状态数量就会以指数速度增加，最优算法的时间复杂度及空间复杂度将是极其惊人的，这个问题也就是所谓的组合优化中的 NP 爆炸问题。对于组合优化问题，完全可以通过枚举法求得最优解，然而这是以牺牲时间为代价的，随着网络规模的扩大则不能接受；因此，如何寻求有效的优化方法得出系统的最优解是解决的关键。目前，国内外用于解决该问题的现代数学方法主要有：基于数学规划的分枝定界法、基于经验的启发式方法以及基于人工智能的现代优化算法等。

三、 海运集装箱运输系统分析

随着集装箱船舶的不断大型化，其成本的节约效果是极其显著的，即表现出集装箱船舶的规模经济性，所以说，成本的节约，即规模经济是集装箱船大型化的根本动力。各大班轮公司在激烈的市场竞争条件下，都在努力的降低运输成本。但是，集装箱船舶大型化

使得船舶在港时间增加，在港成本也随之提高，在停靠港口时存在不经济性。大型船舶的规模经济效益能否实现主要取决于船舶在海上航行时间与在港停泊时间的多少。因此，选择合理的运输路径，是大型船舶体现规模效益的前提。

传统的集装箱海运网络，由于受自然条件、投资规模及服务网点数量限制，多采用点到点的多点挂靠的网络服务模式。但是，随着船舶大型化的发展，为了提高大型集装箱船舶的运营效率，降低集装箱运输的周期性需求波动风险，大型班轮公司纷纷改变运营策略，调整网络运营结构，开始建设轴辐式海运集装箱网络。大型集装箱船在干线港挂靠，进行远洋运输，中小型船舶在喂给港和支线港挂靠，进行短距离疏运，这种模式可充分发挥港口及各类型船舶优势，降低企业运营成本。轴辐式运输模式对于国际集装箱的远距离运输具有速度快、成本低的特点，同时给干线港口城市带来了巨大的经济拉动效应，更好地吸引外来投资；因此，世界一些主要城市纷纷加大对港口建设的投入，通过各种优惠条件吸引主要班轮公司将中转枢纽设计在各自的城市。而干线港的建设不应单从一两个城市的利益考虑，应从整个区域运输条件出发，遵循集装箱海运网络优化的大趋势，进行合理布局。

四、 海运集装箱运输成本分析

海运集装箱运输成本是船公司在各港口起讫对之间运输集装箱的全过程中产生的费用总和。海运集装箱的运输成本可分为船舶成本和港口成本两部分，船舶成本是指在运输过程中船舶发生的各项费用，包括经常性维护费用、燃料成本和资本成本；港口成本包括船舶进出港口发生的各种使用费用，包括船舶吨税、停泊费、引航费、拖轮费、装卸费等。这两部分成本中一部分成本是与集装箱运输距离的长短、挂靠港口的数量有关，称为变动成本，如船舶成本中的燃料成本；而另一部分成本与集装箱运输路径无关，是船公司的投资成本，如经常性维护费用、资本成本，称为固定成本。需要注意的是这里指的固定成本和变动成本与经济学中通常所指的固定成本和变动成本不同，其变动与否只是根据是否与集装箱运输路径有关来决定。

1. 固定成本的推算

固定成本以租金的形式体现，每艘集装箱船的固定成本是船舶每天租船成本和运输时间的复合函数，如式（6.1）所示。

$$C_{ij}^{C} = C_{ij}^{CD}\Big(\frac{d_{ij}}{24v} + [(e_i + e_j)x_{ij} + f_i + f_j]/2\Big) \qquad (6.1)$$

式中：C_{ij}^{CD}——每天的租船成本；

$\quad d_{ij}$——港口 i 到港口 j 的航行距离（海里）；

$\quad v$——集装箱船航速；

$\quad e_i，e_j$——港口装/卸单个集装箱的时间；

$\quad x_{ij}$——每个集装箱船的集装箱运量，包括集装箱生成量和中转量（TEU）；

$\quad f_i，f_j$——离港/到港的等待时间。

式（6.1）中括号内的第一项表示船舶在途时间，后一项表示船舶的在港时间，其和即为集装箱的总运输时间。

2. 变动成本的推算

变动成本 C_{ij}^{V} 由燃油费用 C_{ij}^{F} 和港口费用 C_{ij}^{P} 两部分组成，如式（6.2）所示。

$$C_{ij}^{V} = C_{ij}^{F} + C_{ij}^{P} \tag{6.2}$$

（1）燃油费用

$$C_{ij}^{F} = (C_{ij}^{Fuel} R_{ij}^{Fuel} + C_{ij}^{Lub} R_{ij}^{Lub}) \cdot HP \cdot d_{ij}/v \tag{6.3}$$

式中：C_{ij}^{Fuel}——燃料成本；

$\quad\quad R_{ij}^{Fuel}$——燃料消耗；

$\quad\quad C_{ij}^{Lub}$——润滑油成本；

$\quad\quad R_{ij}^{Lub}$——润滑油消耗；

$\quad\quad HP$——发动机功率。

（2）港口费用

港口费用包括船舶进港费用（引航费、移泊费、系解缆费、停泊费统称为进港费用）和装卸费用，如式（6.4）所示。其中进港费用仅与船舶吨级有关，是船舶吨级的线性函数，如式（6.5）所示，如表 6.2 所示。装卸费用是装卸箱量的线性函数，如式（6.6）所示。

$$C_{ij}^{P} = C_{ij}^{I} + C_{ij}^{Z} + C \tag{6.4}$$

$$C_{ij}^{I} = A \times Q \tag{6.5}$$

$$C_{ij}^{Z} = B \times x_{ij} \tag{6.6}$$

式中：A、B、C——为常数。

不同等级集装箱船舶在我国港口的部分费用　　　　　表 6.2

	单位	第一代	第二代	第三代	第四代	超大型	巨型
船舶吨位	吨	40000	50000	60000	80000	80000	100000
载箱量	TEU	2761	3764	4422	5250	8736	18154
引航费		20000	25000	30000	40000	40000	50000
移泊费		8800	11000	13200	17600	17600	22000
系解缆费	元	213	213	213	213	213	213
停泊费		8000	10000	12000	16000	16000	20000
合计		37013	46213	55413	73813	73813	92213

3. 总运输成本的推算

设计载箱量为 Q（TEU）的集装箱船，从港口 i 到港口 j 的运输总成本如式（6.7）所示。

$$C_{ij}^{Q} = C_{ij}^{CD}\left(\frac{d_{ij}}{24v} + \frac{(e_i + e_j)x_{ij} + f_i + f_j}{24}\right) + (C_{ij}^{Feul} R_{ij}^{Fuel} + C_{ij}^{Lub} R_{ij}^{Lub}) \cdot HP \cdot \frac{d_{ij}}{v}$$
$$+ AQ_{ij} + Bx_{ij} + C \tag{6.7}$$

对于有 N 个节点的运输网络，总运输成本如式（6.8）所示。

$$TC = \sum_{i=1}^{N} \sum_{j=1, j\neq i}^{N} 12 q_{ij} C_{ij}^{Q}$$

$$= \sum_{i=1}^{N} \sum_{j=1, j\neq i}^{N} 12 q_{ij} \left\{ \begin{array}{l} C_{ij}^{CD} \left(\dfrac{d_{ij}}{24v} + \dfrac{(e_i + e_j) X_{ij} + f_i + f_j}{24} \right) + (C_{ij}^{Feul} R_{ij}^{Fuel} + C_{ij}^{Lub} R_{ij}^{Lub}) \cdot HP \cdot \dfrac{d_{ij}}{v} \\ + AQ_{ij} + BX_{ij} + C \end{array} \right\}$$

$$(6.8)$$

式中：q_{ij}——船舶服务频率（艘/月）；

X_{ij}——全年集装箱总运量，包括集装箱生成量和中转量（TEU）。

4. 考虑空箱调运的混合运输条件下海运集装箱运输成本分析

考虑空箱调运时，将 $x_{ij} = y_{ij} + w_{ij}$ 和 $X_{ij} = Y_{ij} + W_{ij}$ 分别代入式（6.7）和式（6.8）中，便得到考虑空箱调运的混合运输条件下海运集装箱的运输成本。

其中：y_{ij}——每个集装箱船的重箱运量，包括集装箱生成量和中转量（TEU）；

w_{ij}——每个集装箱船的空箱运量，含中转量（TEU）；

Y_{ij}——全年重箱总运量，包括集装箱生成量和中转量（TEU）；

W_{ij}——全年空箱总运量，含中转量（TEU）。

五、 基于运输总成本最小的集装箱运输网络优化模型

建立以海运集装箱运输总成本最小为目标的数学模型为：

$$\min TC = \sum_{i=1}^{N} \sum_{\substack{j=1 \\ i\neq j}}^{N} 12 q_{ij} (CS_{ij} + CP_{ij})$$

$$= \sum_{i=1}^{N} \sum_{j=1, j\neq i}^{N} 12 q_{ij} \left\{ \begin{array}{l} \sum_{k=1}^{N} \sum_{t=1, t\neq k}^{N} \left[C_{ij}^{CD} \left(\dfrac{e_i + e_j}{24} \right) + B \right] X_{kt}^{0} P_{kt}^{ij} + AQ_{ij} \\ + \left[\dfrac{C_{ij}^{CD}}{24} + \dfrac{(C_{ij}^{Feul} R_{ij}^{Fuel} + C_{ij}^{Lub} R_{ij}^{Lub}) \cdot HP}{v} \right] d_{ij} + C_{ij}^{CD} \left(\dfrac{f_i + f_j}{24} \right) + C \end{array} \right\}$$

$$(6.9)$$

式中：X_{kt}^{0}——全年集装箱生成量，即 k 港到 t 港的重箱 OD（TEU）；

P_{kt}^{ij}——预测运量的过程关系变量（$i\neq j$，$k\neq t$），为问题的决策变量，表明集装箱生成量 X_{kt}^{0} 是否经由 i 港到 j 港航线运输，若经过，则 $P_{kt}^{ij} = 1$，否则 $P_{kt}^{ij} = 0$。

实际上，每一个集装箱生成量 X_{kt}^{0} 对应的决策变量 P_{kt} 都是一个 $N \times N$ 矩阵。决策矩阵的所有元素之和 $\sum_{i=1}^{N} \sum_{\substack{j=1 \\ j\neq i}}^{N} P_{kt}^{ij}$ 即为装载 X_{kt}^{0} 的集装箱船中途挂靠的港口总数再加 "1"。实际集装箱中转的港口数一般最多为 $L=2$ 个，从而 $1 \leqslant \sum_{i=1}^{N} \sum_{\substack{j=1 \\ j\neq i}}^{N} P_{kt}^{ij} \leqslant L+1$。当 $P_{kt}^{kt} = 1$（即 $i=k$，$j=t$）时，$\sum_{i=1}^{N} \sum_{\substack{j=1 \\ j\neq i}}^{N} P_{kt}^{ij} = 1$，表明 X_{kt}^{0} 的全部或部分运量将由 k 港直达 t 港，不经过中转运输，具体运量由满足公式（6.9）的最优条件来确定。由此可知，P_{kt} 是一个稀疏矩

阵，如何高效确定矩阵中极少数的非零元，是求解本问题的关键。

因此，式（6.9）还必须满足如式（6.10）的约束条件。

$$s.t. \begin{cases} 1 \leqslant \sum\limits_{i=1}^{N} \sum\limits_{\substack{j=1 \\ j \neq i}}^{N} P_{kt}^{ij} \leqslant L+1 \\ P_{kt}^{ij} \in \{0,1\} \\ 0 \leqslant L \leqslant 2, \text{且取整数} \\ k \in [1,N], t \in [1,N], \text{且} k \neq t \\ i \in H \\ j \in H \end{cases} \tag{6.10}$$

$$\sum_{j=1}^{N} X_{ij} \leqslant RP_i \tag{6.11}$$

式中：H——枢纽港集合，$\|H\| = p$，p 表示网络中确定的枢纽港数；

RP_i——i 港口的年极限通过能力。

考虑空箱调运时，将 $X_{kt}^0 = Y_{kt}^0 + W_{kt}^0$ 分别代入式（6.9）中，便得到考虑空箱调运的混合运输条件下海运集装箱的运输总成本。

其中：Y_{kt}^0——全年重箱生成量，即 k 港到 t 港的重箱 OD（TEU）；

W_{kt}^0——全年空箱生成量，即 k 港到 t 港的重箱 OD（TEU）。

六、集装箱运输网络优化模型的求解算法

1. 运输网络优化算法

（1）经典优化算法

线性规划是运筹学中最重要的一个分支，1947 年 G. B. Dantazig 提出解决线性规划问题的单纯形法，标志着经典优化算法的确立。但是科研和生产实践中遇到的非线性问题更多，主要呈现出变量多、规模大和非线性程度高等特点，简化成线性问题是不合理的，学者们提出许多经典优化算法，其中无约束的优化算法包括最速下降法、共轭梯度法、牛顿法、拟牛顿法和信赖域法；约束优化算法有拉格朗日乘子法和序列二次规划。

（2）启发式算法

最优化算法的时间和空间复杂度随着问题规模的增大呈指数增加，导致问题无法在较短的时间内求解，可以通过启发式算法求解问题的可行解，启发式算法是一种能在问题实例可接受的耗费以内寻求最好解的技术，但不能保证解的可行性和最优性，主要包括贪婪算法、进化算法、人工神经网络、模拟退火算法、蚁群算法等。

贪婪算法是从问题的初始状态开始，通过若干次贪婪选择逼近给定目标并得到最优解的一种优化算法，在搜索过程中不从整体上加以考虑，而做出当前条件下的最优选择，因此所得的结果只是某种意义上的局部最优解。贪婪算法每进行一次选择就得到一个局部解，在某些实例中能转化得到全局最优解，有些时候不能。

进化计算是一类以达尔文进化论为依据来设计、优化人工系统的方法的总称，包括遗传算法、进化策略和进化规划。进化计算关注学科的交叉，引入了许多新方法和特征，并被广泛应用于复杂系统的自适应控制和其他优化问题。

人工神经网络模型是在对人脑组织结构和运行机制的认识理解基础上，模拟其结构和智能行为的一种由多个简单的处理单元彼此按某种方式相互连接而形成的智能计算机系统。这种非线性动力学系统通过对连续或者离散的输入作状态响应进行信息处理，虽然每个神经元的结构和功能很简单，但大量神经元构成的网络却十分复杂，从而能够有效地描述多种应用系统。

模拟退火算法是一种模拟物理固体物质退火过程、基于蒙特卡洛迭代求解策略的随机寻优算法，目的在于克服优化过程陷入局部极值以及对初值的依赖性，从而为具有 NP 复杂性的问题提供有效的近似求解算法。模拟退火算法在某一初温下，伴随温度参数的不断下降，结合概率突跳特性在解空间中随机寻找目标函数的全局最优解，即局部解能够概率性地跳出并最终趋于全局最优。

蚁群算法是模拟真实蚁群觅食行为策略的一种启发式仿真算法，是一种并行的信息正反馈系统，根据蚂蚁在觅食过程中在所经过路径上留下的信息素浓度，判断下一步路径的选择，蚁群的这一高效寻优能力使其具备较强的鲁棒性，为解决复杂的离散系统优化问题提供了新的思路。

2. 免疫算法

本章主要以免疫算法为例进行介绍。免疫算法是基于生物免疫学原理提出来的新型智能化启发式仿真算法，根据生物免疫系统的多样性识别机制、免疫自我调节特性、免疫记忆特性、动态适应特性和多时间尺度进化机制的优良特性，从中抽象出一类具有类似特点的现代启发式算法。免疫算法能够像生物免疫系统一样产生所需的多种抗体已经调节克隆扩增，因而具有解决候选个体的多样性、学习记忆、高效率并行搜索、通过计算解的浓度和抗体的期望繁殖率进行解的评价和选择、搜索过程快速稳定收敛等优良特性。

（1）二维染色体编码原理

免疫算法中常用的抗体编码方式有二进制编码、实数编码和字符编码，少数有灰度编码。考虑到集装箱运输网络的复杂性，其决策变量为稀疏矩阵，改进抗体编码，采用类似于图像恢复的二维染色体编码。

本文采用的免疫算法中的每一个解（抗体），都对应一个集装箱运输网络，从而算法中的解群体将对应若干个运输网络。设每一个运输网络中有 N 个港口，并包含与 m 个 OD 运量 Y^0 对应的 m 条运输线路。运输网络或解用 $m \times N$ 的二维矩阵表示，m 表示线路，维度 N 表示船舶挂靠的港口数量。

根据二维染色体编码，设集装箱预测运量 OD 表中的非零元素 Y^0_{kt}（重箱生成量）有 m 个（$k, t \in [1, N]$，且 $k \neq t$），每个 Y^0_{kt} 的运输路径由一个 p 维向量表示。其中，向量的第一维是运量 Y^0_{kt} 对应的始发港口编号，第 p 维是目的港口编号，中间各维表示中途挂靠的港口编号。为了缩小算法的状态空间，降低时间复杂度和空间复杂度，提高搜索效率，根据实际港口集装箱运输特点，取船舶中转挂靠的港口数最大值为 2 个，再加上始发港和目的港，则 $p = 2 + 2 = 4$，即每个待运量 Y^0_{kt} 都由一个 4 维向量来表示其运输路径。二维染色体编码示例如表 6.3 所示，该表是一个 $m \times p$ 矩阵，代表一个抗体（解）。

生成量序号	第一维	第二维	…	第 p 维
1	1	5	…	4
2	1	2	…	6
3	2	0	…	5
…	…	…	…	…
m	6	1	…	…

需要说明的是，编码中的"0"在解中仅仅起占位的作用，没有实际的意义。一方面，在用二维矩阵表示的免疫算法随机产生初始解群体时，已经限制了不可行解，0 对目标函数值没有影响，可保证解编码的正确性，即避免了集装箱运输网络的每一个运输线路中重复或循环经过某港的情况的产生，以表示直达的和中转港口数少于 $p-2=2$ 的航线。另一方面，在采用遗传操作更新群体时，引入"0"元素，可以有效增加抗体的多样性，防止算法陷入局部极值，且几乎不会影响时间复杂度，可以充分利用、体现免疫系统的多样性产生和维持机制，在编码中有着重要的作用。

类别	始发港	中转港		目的港
A	k	i	0	t
B	k	0	i	t
C	k	i		t

同种运输方案 Y_{kt}^0 表示从 k 港经 i 港中转运到 t 港，在二维染色体编码中，同一运量 Y_{kt}^0 对应的运输路径向量有两种编码方式 A 和 B，如表 6.4 所示。然而 A 和 B 均表示同一种运输方案 C，即将 Y_{kt}^0 从 k 港经 i 港中转运到 t 港，故而称 A 和 B 互为冗余。为避免冗余解，为了克服解群体中这类反复出现的冗余解，故在每次抗体进化过程中，若第二维和第三维存在一个零元，则通过调整零元顺序将零元放在第三维，对于每一行向量的第二维为零元且第三维是非零元的解，交换其二、三维元素，保证非零元在前面，如图 6.4 所示，实际上是在生成初始群体以及遗传操作过程中禁止产生这类冗余解如图 6.4 所示。

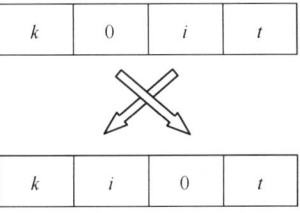

图 6.4 清除冗余解

根据二维染色体编码，每条运输路径的 p 维行向量均对应一个 $N \times N$ 的 P_k 决策变量。则一个具有 m 个运量的网络中，共有 m 个决策变量。每个决策变量都是一个高阶稀疏矩阵，直接求解将异常困难。本文通过将决策变量 P_k 映射为 $p=4$ 维的行向量，进而构造出二维染色体编码形式的解，直观地表达完整的运输网络的船舶中转方案，避免了直接求解及存储稀疏矩阵，为免疫算法直接求解最优方案奠定基础。

$m \times p$，$p=4$ 的二维染色体编码代表的可行解，其状态空间共有 $[C_{N-2}^1(C_{N-3}^1+1)+1]^m$ 种组合，显然状态空间的规模随港口数量的增加呈指数增长。对于一个仅有 $N=10$ 个港口的网络，若 OD 表中运量个数为 $m=9\times10=90$，则解空间规模为 65^{90}，如此巨大的计算量若通过经典最优算法寻优，其时间复杂度将是难以承受的。因此采用免疫算法这个高效的组合优化算法，有助于在可接受范围内获取网络的最优可行解。

（2）有空箱条件下集装箱海运网络的免疫算法优化流程

采用基于二维染色体编码的免疫算法求解集装箱海运网络优化问题，以获得最优运输网络配置、空箱调运方案及相应的船型。集装箱空箱运输网络优化流程可分为以下 7 步：

① 确定集装箱海运网络规模，预测集装箱重箱 OD 量和空箱运量；

② 初始化空箱 OD：以空箱积压港（余箱港）到缺箱港的最短运距优先分配为基准，采用线性规划形式的一般运输模型求解空箱 OD 量；

③ 将重箱 OD 和当前空箱 OD 叠加，获得网络总 OD 量；

④ 将问题的目标函数 6.9 式映射为抗原，问题的可行解映射为二维染色体编码的抗体，运用免疫算法求解集装箱海运网络，若群体进化达到最终进化代数，则输出当前的最优网络矩阵并转到下一步；

⑤ 重置空箱 OD：找出上述矩阵中所有余箱港到缺箱港的航线，以单条航线最低成本优先分配为基准，根据①中的空箱运量，采用线性规划形式的一般运输模型重新分配空箱 OD，并输出此 OD 矩阵；

⑥ 终止条件判断：若循环次数小于 20 次，则转而执行③；否则继续下一步；

⑦ 从上述 20 个集装箱海运网络中找出具有最低成本的网络，输出该最优矩阵及相应的空箱 OD，寻优结束。

（3）无空箱条件下集装箱海运网络的免疫算法优化流程

根据上述集装箱空箱运输网络优化模型，若不考虑网络中的空箱运量，则可得到简化的港口集装箱重箱运输网络优化模型。该模型仅考虑重箱网络的优化，即采用免疫算法求解一个相对较简单的网络，可用于检验算法的有效性，同时测试空箱运输对整个集装箱海运网络的影响。

设网络的空箱运量为零，则不考虑空箱条件下的集装箱重箱网络免疫算法优化流程分为以下 2 步：

① 确定集装箱海运网络规模，预测集装箱重箱 OD；

② 将问题的目标函数式（4.9）映射为抗原，问题的可行解映射为二维染色体编码的抗体，采用免疫算法求解集装箱海运网络，输出最优网络矩阵，寻优结束。

第7章 港口供应链的风险管理

伴随港口供应链的高速发展，港口供应链运作中的风险问题也日益突出，风险的影响范围及破坏力度也日益增大。一旦某种风险真的发生，往往会给供应链造成不可逆转的损害和巨大的损失，甚至导致供应链的彻底断裂。比如，发生在 2011 年的日本大地震给港口基础设施带来严重破坏，考虑到日本企业在全球供应链中的重要地位，供应链危机在数月内给日本厂商乃至全球厂商带来巨大破坏。又如，发生在 2013 年 5 月的香港码头工人罢工事件，不仅对港口企业造成巨大破坏，同时对香港港口供应链造成一系列持续影响，部分货主选择其他港口靠泊，暂时放弃香港港。所以，有效地对港口供应链进行风险管理能够使供应链变得更加富有弹性，使港口供应链能避免或者减少由于风险带来的损失。

本章介绍了港口供应链的基础理论，给出了港口供应链风险的定义，分析了港口供应链风险的特征，并介绍了如何对港口供应链风险进行识别和评估，最后给出了港口供应链风险的控制与防范方法。

第1节 港口供应链的风险概述

港口供应链的目标是以最小的成本、最快的速度、最高的质量为客户提供最好的服务，为供应链获取最大的利益，增强供应链的竞争力。风险一般是指某一事件出现的实际状况与预期状况（即实际值与预期值）有背离，从而产生的一种损失。对供应链的定义，国内外学者并没有形成统一认识。比较典型的观点有两种。第一种观点认为供应链风险是因为各种不可预测的不确定性，供应链企业有可能遭受损失。第二种观点认为供应链风险是利用供应链系统的脆弱性对供应链系统造成破坏，给上下游企业及整个供应链带来损失的潜在威胁。只有准确界定出港口供应链风险概念，才能进行下一步研究。

一、 港口供应链风险的定义

港口供应链风险概念的界定是对港口供应链风险研究的重要基础和前提。不同学者对于港口供应链风险的认识也不尽相同。

通过综合已有的研究成果，作者认为港口供应链风险是指：港口供应链各节点企业在生产经营过程中出现的各种不确定因素，这些因素会影响港口供应链正常运行以至于供应链成员企业遭受经济损失，给港口服务的质量带来不利影响，导致供应链运作失常，甚至中断。

二、 港口供应链风险的特征

港口供应链管理者要管理好港口供应链应准确的识别各种风险，那就必须全面了解港口供应风险的特征，否则在港口供应链风险识别中将会出现盲点，就可能使供应链风险管理出现漏洞，对港口服务质量产生消极影响，甚至导致供应链难以弥补的灾难。因此，掌握港口供应链风险特征是港口供应链风险管理的前提。本文将港口供应链的风险特征归纳如下：

1. 客观性和必然性

自然界中的各种灾害，例如地震、海啸，社会领域中的冲突、战争、过失及其他意外事故，都不以人的主观意志为转移而客观存在，它们的存在和发生就整体而言是一种必然的现象，例如每天都会出现交通事故。虽然不同港口供应链风险发生的时间、形式、造成的影响不尽相同，但是它的发生有自己独特的外在表现形式和内在规律，是一种必然会出现的事件。

2. 传递性

港口供应链各环节相互制约、相互影响，供应链的正常运作，不仅取决于各环节的有序运行，而且取决于各环节之间的有效联系，一个节点存在问题，与其相关的下游企业节点有可能受到影响，如果企业存在的问题不能及时发现和处理，整个供应链的运作都会受到影响，并提供了一个很好的风险传递时机。

传递性是指港口在供应链某一节点企业的风险转移到港口供应链节点企业，三种形式存在包括：一是传播的风险，从上游到下游企业的风险，二是从下游到上游企业的逆向转移的风险，第三的风险传播同时向上游和下游企业扩散。港口供应链风险传递性，会导致其他没有风险的企业将面对风险，一旦供应链上一个节点企业存在风险，风险会通过不同的方式向其他节点企业传递；因此整个服务供应链的风险就会出现。不管风险通过什么方式进行传递，都会造成相应的损失。港口供应链风险是由供应链风险转移带来的，每个节点向上下游企业转移和积聚的风险，显著提高供应链的整体风险水平。

3. 复杂性

港口供应链上节点企业的业务受其他企业的影响，这让企业间的相互关系也变得更加复杂，这也导致港口供应链风险概率的增加。如果港口节点企业出现风险，相关企业将受到影响，最终港口供应链运作也会受到影响，甚至有可能中断。例如，一家美国企业从中国台湾购进的某一种零件可能会有五六种运输方式，而这种零件本身也可能会有多个供应商，在这其中任何一个点的失败都可能引起供应链的中断。这样导致港口服务供应风险的分析和防范更加复杂。

4. 动态性

随着时间的推移和港口供应链环境的变化，供应链风险也随之发生变化，例如，成员企业因各种原因导致的供应链的结构发生变化或者长期的合作伙伴和供应商的更变，供应链风险也会随之变化，旧的风险将被新的风险所替代。

5. 破坏性

风险的存在造成节点企业不能正常有序的运行，将会给当地经济造成巨大损失。例如，2012 年美国洛杉矶和长堤两码头工人罢工，导致港口装卸效率降低甚至不能完成装卸，这给美国的零售行业带来巨大的负面影响，每天的经济损失高达 10 多亿元。

三、 港口供应链风险管理的必要性

供应链风险管理是以最低的成本，在风险分析的基础上，选择最优的风险处理技术，确保供应链运行安全性的一系列活动。供应链风险管理是供应链管理的一部分。港口供应链为企业带来巨大的效益的同时，也潜伏着巨大的风险。供应链的主体无法控制所有的供应链，而整个供应链是一个利益共同体，毕竟每个节点企业和运营商，拥有自己的业务战略、目标市场、技术管理体系，这一切都增加了供应链管理的复杂性和不确定性，企业在供应链风险管理过程中，应认真分析研究供应链中潜伏的风险，建立和完善保护制度。

港口供应链风险管理有利于提高供应链在市场上的竞争能力，良好的风险管理可以在风险发生之前或发生时，提供给决策者及时、有用的信息使其以最快的速度做出最有效的决策。供应链的正常运作和整体的优化，促使供应链有效、低成本为客户提供高质量的产品或服务，从而提高其在市场上的竞争力。

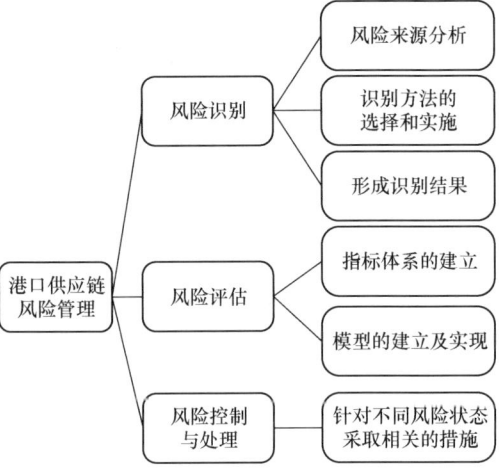

图 7.1　港口供应链风险管理内容

四、港口供应链风险管理的内容

港口供应链的风险管理的基本过程类似于传统供应链的风险管理过程，也可以分为三个主要环节，风险识别、风险评估、风险控制和处理，每个部分又可分为一些更具体的工作步骤，如图 7.1 所示。只有在了解供应链风险识别后，才能作出分析和评价，从而对供应链风险的大小的一个正确的认识，最后选择合适的处理方法和预防控制措施。

第 2 节　港口供应链的风险识别

港口供应链风险识别是保证港口供应链风险管理过程顺利进行的第一阶段，它是指港口供应链风险管理主体在各种风险事件发生之前或发生之时运用多种方法对供应链所面临的各类风险事件进行辨别并进一步分析风险事件发生的可能原因。

一、港口供应链风险的来源与因素

只有对港口供应链系统形成风险因素的机理和风险因素的正确认识，才能提出合理的风险防范措施，减少或控制风险。目前国内对港口供应链风险的相关研究比较少，本章基于已有研究，借鉴制造业供应链风险因素，认为港口供应链风险大致可以分为外部风险和内部风险两大类。外部风险主要包括：社会环境风险、自然灾害风险和经济风险等；内部风险主要包括：资金风险、战略风险、合作风险、信息风险和物流服务风险等。

1. 供应链外部风险

外部环境风险是指由外部环境的不确定性对供应链系统产生的不利影响，一般不能通过供应链节点企业的努力来避免，只能使用完善的规避风险预警系统。自然灾害的发生、政策和法律的调整和改革，经济大环境的变动将影响到港口供应链的变化，产生必然的风险。

（1）政策法律风险

① 法律法规风险：面对供应链风险管理法律环境的变化，为有序的市场经济，国家相继颁布实施了一系列的法律法规，如企业组织法、税收法规、金融法规、财务法规和其他法规等，使国家的法律制度逐步完善。但是，法律法规的调整、修改等不确定性，对经营者的财务活动、供应链风险的外部来源有重要影响。

② 政府干预风险：对于某些特殊的行业和产品，国家要宏观调控，会有所限制；跨国家跨区域的供应链，还会受到政府因为政治目的所做出的限制。

（2）社会环境风险

社会环境风险是指港口供应链所面临的内外社会环境的异常变动给供应链带来的风险，主要有社会秩序风险和战争风险两大类。

① 社会秩序风险：社会秩序风险主要指社会中的一些反常行为以及影响社会秩序的不稳定因素，如抢劫、罢工等引发的社会混乱，通常会导致供应链上的节点企业遭受巨大的经济损失。近几年由于罢工导致港口供应链中断造成的经济损失如表7.1所示。

罢工引起港口供应链中断后果表   表 7.1

年限	爆发地	直接经济损失	间接损失
2003	釜山港	4.5 亿美元	出口经济损失严重
2004	以色列的主要港口	2.2 亿美元	经济运行影响严重
2012	洛杉矶、长堤港	10 亿元/日	影响商店销售和民众采购
2013	香港	500 万港元/日	货物延迟，部分船舶停靠其他城市

② 战争风险：现代的非对称作战模式强调打击敌人的后勤力量，经常通过轰炸公路、机场、铁路、仓库、管道、汽车、飞机、装卸机械设备及其他物流节点、炼油厂、发电厂和其他生产基地，敌人无法得到急需的物资，从而取得战斗的胜利，供应链不能有序的运转无疑增加了风险。在 2003 年的伊拉克战争中，美国和英国军队在巴格达等 10 多个城市和港口，投掷了 2000 多枚精确制导炸弹，其中 500 枚战斧巡航导弹，基本上伊拉克所有的港口设施均遭到破坏，从而完全丧失交通运输能力。

（3）经济风险

① 利率风险：如果节点企业以贷款作为启动和运作资金，贷款利率的调整很可能会增加供应链的利息负担，增加经营成本。

② 汇率风险、汇率变动直接影响公司的交易量、现金流、资产、债务和收入。

③ 股票市场风险：如果节点企业有挂牌上市公司，股票价格波动也会影响供应链运作的稳定性，致使融资困难。

④ 经济危机的风险：严重的经济危机会导致供应链瘫痪。

⑤ 通货膨胀风险：通货膨胀的发生，往往是社会商品的整体价格水平的持续上升，经营成本和其他成本上升，销售收入往往不理想，在同一时间，通货膨胀往往导致会计信息失真，这将使供应链中的每个环节处于盲目状态，不能有序的生产和经营，造成严重错误的经营决策。

（4）自然灾害风险

人类目前所面临的环境问题，自然灾害的发生频率越来越高，危害也越来越大，作为一种不可抗力，自然灾害是供应链的致命杀手，台风、地震、洪水、暴风雪、山体滑坡等自然破坏，威胁供应链的安全。自然灾害作用于供应链中各个节点企业的经营活动，可能导致货损货差、物流设备的损坏，对物流活动的运营造成严重影响，甚至使其彻底中断，导致不能顺利完成目标。尤其是自然条件对航运有很大的影响，当浓雾或台风出现时，港口不能及时对船舶上的货物进行装卸，从而导致港口、服务供应商和客户承担风险损失。

2. 供应链内部风险

（1）战略风险

港口供应链战略风险包括战略目标不一致风险、战略目标风险和战略投资风险三个方面。

战略目标不恰当、港口供应链成员战略目标不一致都会带来巨大风险，主要体现在供应链成员国的目标冲突，目标冲突会降低港口供应链的运作效率，甚至可能导致供应链的中断。

供应链战略投资不当，将对港口供应链产生负面影响，作为战略投资选择的供应链效率将明显降低。此外，目前原油码头和集装箱码头的投资选择航运公司和客户作为合作伙伴，其他散装码头的投资资金单一的问题是很常见，虽然一些码头选择其他投资公司参与建设，但没有深入到高度合作，转靠其他港口的风险仍然存在。

（2）合作风险

港口供应链与传统港口企业最大的区别是，相关企业整合成一个有机整体，他们具有相同的目标。虽然港口供应链成员企业有共同目标，但在港口供应链中，这些不确定性的经营仍存在。其中的不确定性因素将给港口供应链带来风险。本文认为合作风险可以分为：合作伙伴选择不适当的风险、核心供应商损失风险、利益分配不均风险、违约风险等。

（3）物流服务风险

港口供应链物流运作要在规定时间内的完成规定的目标，这也保证了整个供应链的平衡和效率。作为港口物流服务供应链的主要服务链之一，它是港口供应链的基础，其他活动依靠此基础进行活动。供应链上每个业务都是一步一步进行，同时也伴随着风险的传递，物流服务是最重要的风险转移载体，也是企业经营风险、基础设施风险、货物损失风险的主要载体。

（4）信息风险

供应链中各节点企业之间的信息能够顺利传递和共享，可以保证供应链运作的有序性和高效性。供应链各节点企业的信任机制和供应链契约直接影响供应链信息流的流畅性，一旦港口供应链成员之间的信任机制被破坏，信息很可能无法传递到下一个节点企业，甚至可能是企业为了自身利益，在供应链上发布虚假信息，这样会有信息失真的风险。一个相对较小的供应链损害，将导致一个节点上企业做出错误的计划，节点企业因此承受巨大损失，从而可能退出港口供应链，最终导致港口供应链崩溃。

（5）资金风险

港口供应链的资金流发生在产品和服务的提供者和需求者之间，物流服务企业、船代、船公司、货运货代、货主之间都存在资金业务，是资本的服务参与主体。现金流包括信用、支付、委托合同和所有权等。此外，港口供应链也应该为用户提供便捷的金融服务，如代理、保险、银行等，所以金融服务公司是参与主体，资金风险主要包括：财务风险、流动性风险、资金回收风险。

二、 港口供应链风险的识别方法

在大多数情况下，风险是不明显的，也不容易识别和预测，至少它不容易准确地被预测，因为通常有一个隐藏的风险特征，但人们往往容易混淆一些表面现象，或引诱一些小利益，但不能看到固有的危险；因此，风险识别是特别重要的。

在风险事件发生前，风险管理主体需要对供应链风险识别与分析，通过对供应链风险识别与分析，并对其进行分类，把握风险的成因及其表现形式，以其经验和一般知识可以识别和分析风险的共同风险，识别和分析是困难的，需要根据一定的方法，必要时借助外力，进行识别和分析。

1. 风险问卷法

风险问卷又称为风险因素分析调查表。风险问卷法是将设计好的问卷，发放给企业内部各个层面的员工去填写，由员工回答本企业所面临的风险和风险因素。通常来说，各企业基层员工亲自参与到供应链运作的每个环节，了解运作过程中的细节，可能对供应链中的薄弱环节最为了解，能够为管理者提供许多有价值的、细节的相关信息，帮助管理者识别并准确的分析各类风险，并且风险问卷法节省时间、经费和人力。

港口供应链风险因素　　　　　　　　　　　　　　　　　表 7.2

一级风险因素	二级风险因素	三级风险因素	四级风险因素
港口供应链风险因素	外部风险	政策法律风险	政府干预风险
			法律法规风险
		社会环境风险	社会秩序风险
			战争风险
		经济风险	利率变动
			汇率变动
			股市风险
			经济危机
			通货膨胀
		自然灾害风险	台风
			海啸、洪水
			大雾
	内部风险	战略风险	市场预测风险
			战略定位风险
			战略目标不一致风险
			港口战略投资风险
		合作风险	合作伙伴选择不当风险
			核心利益供应商流失风险
			合作伙伴违约风险
			利益分配不均风险
		物流服务风险	人员操作风险
			基础设施风险
			货损货差风险
		信息风险	信息及时风险
			信息失真风险
		资金风险	融资风险
			资金周转风险
			资金回收风险

2. 历史数据分析

历史数据的分析，可以在识别未来风险方面得到一些启示，以便及时发觉可能产生重大负面效应事件。历史数据分析的缺陷在于，它只能对曾经发生过的风险数据进行识别，而这可能使得未来发生的新型重大风险被忽略；另一方面的缺陷在于重要的风险事件通常并不经常发生，这可能使我们对风险事件的类型认识受到约束，为此，我们需要将在同类型公司中曾经发生的风险事件尽可能地包括在我们的历史数据之中。

3. 故障树分析法

故障树分析是常用的可靠性工程分析工具，是一种用图形化方法表示的因果关系，果是风险事件的发生，根据风险的结果反向搜索可能的原因，我们可以得出一个简单的客户不能按时接收货物的故障树，如图 7.2 所示。

故障树分析法有一些缺点限制其被推广，主要是构建故障树的任务难度较大，对所有事件产生原因的思考是不可能的。构造故障树运用逻辑运算时，绘制出所有重要事件的故障树是一个非常复杂的工作，由于未发生事件的不可预见性，很容易发生错误和疏忽。基于以上特点，此方法的结果非常依赖于分析人员的能力，其结论自然存在误差。港口供应链的货物、信息、资金、服务等从供应源，

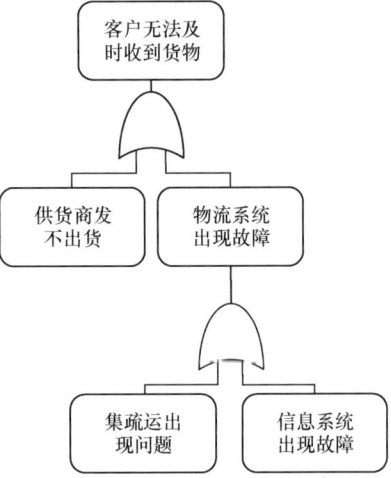

图 7.2　客户无法按时收到货物的故障树

通过运输、存储、装卸、包装、流通加工、配送、信息处理等许多其他环节，最终到达客户手中，伴随着商流、物流、信息流的发生，这是一个非常复杂的动态系统。因此，故障树不适合使用在港口供应链风险识别。

4. 德尔菲法

德尔菲法又称专家意见法，是一种简单、易操作、实用性强的方法，是 1950 年代初美国著名的顾问公司发明的，广泛应用于各种预测和决策过程中。当进行风险识别时，特别是涉及复杂的原因，无法通过分析方法来识别风险，德尔菲法是一种非常有效的风险识别方法。运用德尔菲法进行供应链风险识别一般可采取以下程序：

① 供应链风险管理主体首先制定风险调查计划，确定风险调查内容。如果分对象（例如，供货商、港口企业、业主），应设计不同的调查内容，例如供货商的风险可能集中于原材料市场价格的变化，港口企业关注的服务水平的变化，而业主公司可能会关注市场需求。

② 聘请多位专家，通过供应链风险管理人员向他们发出问卷调查，并提供供应链运作的相关信息，在这里专家人员组成应该有不同领域的专家，信息应该是全面的，特别是供应链运作过程的信息。

③ 专家根据调查的问题，并参考相关资料，提出自己的意见。

④ 风险管理人员收集整理专家意见，然后将不同意见及理由反馈给每一位专家，让他们再提出意见。

⑤ 反复的意见逐渐趋于一致，最后总结分析。

5. 方法比较

将四种方法的优缺点绘制成表 7.3。

风险识别方法对比表   表 7.3

风险识别法	优点	缺点	是否采用
故障树法	通过一系列的基本事件及其相互之间的逻辑关系反映哪些事件的组合可以导致风险的发生	(1) 构造故障树难度较大 (2) 对分析人员的要求较高	×
风险问卷法	(1) 由成员企业员工亲自参与可以有效识别风险 (2) 节省时间、经费和人力	不能从供应链整体角度考虑	×
历史数据分析	可以从历史数据中得到启示	对未来的认识不足	×
德尔菲法	(1) 简便易行 (2) 具有一定程度综合意见的客观性 (3) 避免专家会议法的缺点	过程比较复杂，花费时间较长	√

第 3 节　港口供应链的风险评估

供应链风险评估是针对识别出的风险因素采取适当措施进行有效控制的必经环节，一般从风险发生的概率和风险造成的损失程度两个方面对供应链风险进行评估。损失频率是指一定时期内损失可能发生的次数；损失程度是指每次损失可能的规模，即损失金额的大小。

一、风险评估指标体系的建立

评价指标是整个供应链风险评价体系的基础，评价工作的依据是评价指标，所以建立它是非常有必要的。根据港口供应链风险的特性，将港口供应链风险指标体系进一步分为外部环境风险、供应链内部运作流程风险和供应链合作风险三个分指标体系，最终得到一个综合评估指标体系。

1. 风险评估指标体系建立的原则

选取评价指标，建立评价指标体系是整个综合评价工作的关键，各评价指标的信息准确性、全面性和是否具有代表性，评价指标的选取和评价指标体系的设计是否合理，直接影响到综合评价结论。

（1）导向性原则

评价实际上是一个具体的评价内容的体现，能够从它的代表性方面充分体现评价对象的内涵和特征，对目标有明确的指导意见和积极的监督作用。

（2）层次性原则

评价对象结构复杂，为了便于理解和分析，在设计指标体系时必须进行系统分析，根据目标定位的评价可以分为几个层次。

（3）系统整体性原则

综合评价具有全面性和整体性。评价指标体系总体上可以说是对评价对象的内涵和特征的总体描述和抽象概括，每一个指标都可以看成是观察其一般特征。港口供应链管理是通过信息流、物资流和现金流将供应商、港口、航运企业、货运代理企业和货主联系起来的管理模式，对供应链风险进行评价，不仅能反映企业的经营情况，更能反映整个供应链的整体运营情况。

（4）相对独立性原则

如果某一指数可以来自其他指标，称指数与某已知指数相关；如果某指标和其他指标没有内在联系，则称这两个指标是相互独立的。要建立评价指标体系应选择相对独立的评价指标，指标体系要求各评价指标按照诚信原则，尽可能地满足相对独立性。

（5）可比性原则

对于指标体系中各个指标的概念要全面、内涵明确，并具有唯一性；各指标的计算和测量范围等必须是一致的，具有时间、空间、横向和纵向的比较和分析的能力。

（6）可操作性原则

指标应根据客观现实，尽可能选择简单，易于获取不抽象的公式；尽可能利用现有信息资源，尽可能选择统计数据，数据易取得并可靠；尽可能减少指标数量但要高质量，在实际应用中更方便、简洁，具有可操作性和有效性，易于接受。

2. 港口供应链风险评估指标体系的确定

指标体系中既有定性与定量指标，又有单项与综合指标，指标辨识就是要明确各指标的内涵和测度依据，为进一步评估运算奠定必要的基础。从指标体系的设置原则出发，结合风险因素的识别，进行供应链风险评估指标体系的确定。根据港口供应链各风险因素的识别，从外部环境风险、供应链内部运作流程风险及供应链合作风险三个方面设计了风险评估的具体指标。

（1）港口供应链外部环境风险评估指标体系

根据外部环境因素对港口供应链正常运营的影响度，从经济风险、政策法律风险、社会环境风险、自然灾害风险四个角度设计外部风险评价的具体指标，具体指标见表7.4。

港口供应链外部环境风险评价指标体系 表7.4

风险因素	风险指标	表述
经济风险	利率变动	利率的变动会影响供应链的风险程度
	汇率变动	风险随着汇率的升高而降低
	股市利益	股市利益好面临风险低
	金融危机	金融危机的发生影响供应链稳定性
	通货膨胀	通货膨胀率升高会影响供应链稳定性
政治法律风险	法律健全程度	供应链面临的法律环境的变化会诱发供应链经营风险
	法律变更频率	
	城府干预程度	某些特殊的行业产品，国家会宏观调控
社会环境风险	社会不稳定因素	不可预见的社会反常行为：盗窃、抢劫等
	战争影响	战争会使物流系统瘫痪
自然风险	自然灾害影响	台风、地震、雪灾等带来的危害

（2）港口供应链内部运作流程风险指标体系

整个供应链运作过程可能遇到的风险在前面已经进行详细阐述过，具体指标见表 7.5。

供应链内部运作流程风险指标体系 表 7.5

风险因素	具体指标	表述
物流服务需求变动风险	供应商不能按时交货	供应商失败或破产；供应商生产能力不足等导致物流需求减少
	下游客户需求减少	产品采购价格过高等导致下游客户需求减少
	市场竞争激烈	港口之间恶性竞争会降低供应链运行效率
物流运输配送风险	集疏运是否便利	由于没能保质、按时将货物送到，导致运输失败，供应链绩效降低
	航运企业能力风险	航运企业能否将货物按时送到
港口物流运作风险	准时交货率	准时交货次数在总交货次数中的比率
	货物缺损率	一年内货物缺损量在货物量中的比率
	港口通关效率	便利的通关手续可以加快供应链运作
	售后服务	有利于争取客户，提高用户忠诚度
物流信息设施风险	信息管理的开放性	物流信息系统自不同部门间、与货主、航运公司等方面的开放程度
	信息管理的完备性	港口物流信息系统在信息网络的各节点之间传递信息的完备程度
	信息管理的整合性	物流信息系统对各节点的信息分类、统计的能力
	信息管理的积累性	反映信息为决策者提供决策依据能力
	信息管理传递效率	信息的传递是否准确快速

（3）港口供应链合作风险指标体系

港口供应链合作风险是指港口供应链运作过程中由于节点企业的协作出现问题给供应链带来的损失，节点企业在供应链运营中合作的状况很大程度上影响着供应链的运营，具体指标见表 7.6。

港口供应链合作风险指标体系 表 7.6

风险因素	风险指标	表述
组织风险	组织文化	组织文化的差异导致不同的企业有不同的价值观，从而难以协作
	管理模式	管理模式的不同也会影响供应链成员企业间的有效协作
	组织结构	组织结构要与供应链的管理模式配合起来才能发挥供应链管理的优势
	组织目标	供应链成员企业的组织目标不一致会影响协作的有效性
流动性风险	伙伴退出	伙伴企业的退出可能导致供应链的失败
利益分配风险	利益分配不均	某些企业获利水平过低将导致消极合作甚至退出供应链，使供应链崩溃

风险因素	风险指标	表述
成本分担风险	成本分摊风险	各成员企业由于成本分摊问题会引发风险
转换成本风险	转换成本	由于存在转换成本很难再选择其他合作伙伴
信息不对称风险	社会不稳定因素	企业公开对自己有利的信息，隐藏对自己不利的信息，使供应链无法从全局角度决策

二、 港口供应链风险因素模糊综合评估法

1. 风险因素模糊综合评估法概述

模糊评价法和风险因素分析法相结合就是风险因素模糊综合评估法，通过对风险因素的模糊评价分析，确定供应链风险各环节的风险因素和概率，在这一水平上，以考察其对整个供应链的影响。

风险因素模糊综合评判法的基本思想是：考虑各种供应链风险因素，确定各风险因素的风险系数，然后计算供应链风险系数。

2. 风险因素模糊综合半均法步骤

模糊风险因素综合评判法的运用，可以归纳为以下几个原则和步骤，如图 7.3。

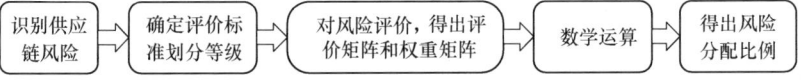

图 7.3　港口供应链风险模糊风险因素综合评判步骤

供应链风险识别，并提出风险集合：主要目的是供应链风险的详细研究。由企业根据供应链的成员，建立一套通用的风险语言系统，对供应链风险有一个统一的认识，这里主要集中在供应链风险的战略重点，并提高供应链风险的程度。

按照评价的要求，确定评价标准和等级：这一步是探讨供应链风险的来源，即"风险驱动因素"，并给出确定的风险，设定不同的等级标准，评价集合是指每个元素的大小和风险。

评估各种风险因素，从而得到评价矩阵和权重矩阵：根据各风险评价标准制定相应等级，邀请相关专家团队进行风险评估，并根据不同程度的评价对应表，评估风险因素的高和低。同时引入供应链权重，进一步修正评价结果，使之更为现实。

通过数学运算，得到评价结果与分配系数：这一步是通过一系列的数学运算，最后得出一个风险评价结果和风险系数。

第 4 节　港口供应链的风险控制

供应链风险管理是供应链管理的核心，供应链风险识别和评估是有效应对供应链风险，降低供应链风险和损失的发生率的方法。回避供应链风险可以从以下两个方面来考虑：一是供应链风险事件发生之前，通过减少风险的发生概率控制风险，这属于概率导向风险控制，可选策略主要包括风险回避策略和风险预防策略；另外一种策略是损失导向风险控制，用于风险控制的可能性很小的情况，通过减小或者规避风险所造成的损失，从而达到风险控制的目的，主要策略有：风险分散策略、风险分担策略和风险转移策略。根据上述战略，结合港口风险的特点，在不同风险的处理上采取不同的风险管理措施。

一、概率导向风险策略

1. 风险回避策略

风险规避指的是风险太大时，不良后果很严重，采用其他策略也不能有效较低风险，选择放弃一些行动或决策，从而降低或者规避风险的一种策略。如加入港口供应链，利润不足以弥补投资和企业损失，有的企业会选择不加入供应链，企业何时选择不加入或离开供应链同时也意味着放弃了获取更大利益的机会。风险规避是完全避免供应链风险的做法，当然要在一定程度上损失了获取利润的机会。

2. 风险预防策略

风险防范指的是在损失发生前，一系列用于降低风险概率的工作。风险防范是非常重要的风险控制措施，是一种主动且具有经济效果的风险控制方法。对风险防范应贯穿整个供应链的设计与运作的各个环节，以有效防范风险。应该从以下两个层面采取措施：一是从宏观管理层面采取措施预防供应链风险；二是从运作层面有效预防风险。

（1）宏观管理层面

① 自上而下地树立风险意识。需要定期进行教育，不断向各级员工灌输风险意识，使他们掌握风险或危机管理的一般知识，特别是最高领导，时刻警惕风险或危机的存在，要经常强调风险问题，当然，完善的风险度量和管理结构体系是供应链风险管理不可或缺的内容。

② 加强风险预警。很多迹象表明，经济波动，产业政策的变化是供应链风险的产生的前兆，如果能找出供应链风险的一般规则，就可以建立一个预警评价指标体系，通过这些指标来管理企业，以使供应链始终处于安全状态。风险预测需要综合分析大量的信息，落后的人工管理已经不能适应，只有依靠高科技手段，提高自动化的分析水平和处理能力，才能逐步提高风险预测的准确性和时效性。智能化的风险预警系统，将在港口的风险管理体系中起到积极的作用。其工作流程如图 7.4 所示。

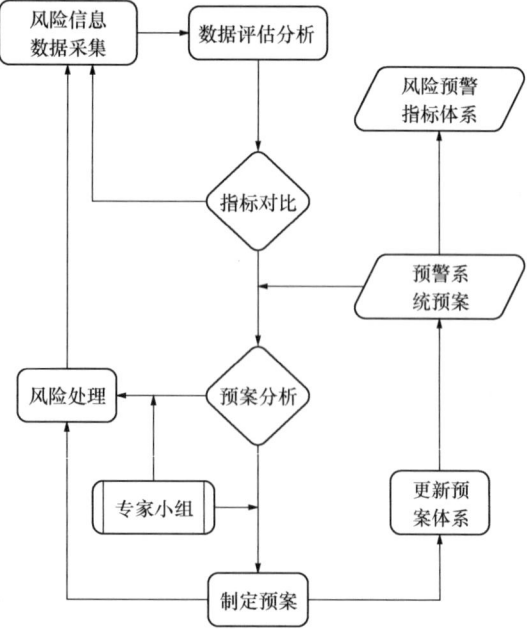

图 7.4　风险预警工程流程图

二、损失导向风险策略

1. 风险分散策略

分散风险是风险控制中较为常用的方法，其目的是为了减少风险损失的程度，从而将损失控制在一定范围内。

2. 风险分担策略

风险分担策略是指单个节点企业在供应链风险承受能力有限的情况下，选择和多个企业承担一定的市场、产品或服务的风险，以降低一个单一节点企业承担的风险。供应链强调企业在链上形成一个联盟，共同分享利益，共同承担风险，通过合理利用风险、分担风险使整体最优和每个节点企业共赢，因此风险分担是非常重要的。

3. 风险转移策略

在各种风险控制策略中，风险转移也是一种比较好的策略。风险转移是不降低风险发生概率和风险不良后果的前提下，借用合同或协议，将风险发生造成的损失转移给他人（组织）。主要包括两种形式：保险性风险转移、非保险性风险转移。保险性风险转移是指通过保险合同将风险转移给承保人。为了降低供应链风险，可以尝试发展物流业务向保险公司投保，将部分损失转嫁，以实现风险积极有效的预防目的。非保险风险转移方法包括委托、外包、招标、销售等，但这些方法对供应链节点企业只是降低供应链的风险，风险是从一个节点企业转移到另一个企业。

第 8 章　港口的绿色供应链管理

20 世纪以来，人类社会得到了飞速发展，但同时也带来了资源枯竭、环境污染和生态失衡的威胁。在当前全球经济一体化、环境问题全球化的大背景下，绿色供应链作为解决供应链企业污染的有效手段逐步进入人们的视野。绿色供应链是在传统供应链的基础上考虑环境问题，因此绿色供应链具有经济效益和环境效益两个目的，有更丰富的内容和更深刻的内涵。

伴随港口竞争的加剧，港口的可持续发展越来越受到重视，在加快转变交通发展方式、构建低碳交通运输体系的大背景下，绿色、环保、低碳不仅是港口综合实力的象征，更事关交通运输和物流行业发展的大局，低碳型港口将是港口未来发展的必然趋势。同时，绿色供应链管理服务作为港口物流业务向高端业态升级的"助推器"，将对港口物流效率和环境效益产生深远影响。

第 1 节　港口绿色供应链概述

一、绿色供应链的基本概念和内涵

绿色供应链旨在通过政府、企业和公众的采购与消费力量，产生市场机制的杠杆效应，推动供应链企业减少环境污染和提高能效，提高整个供应链体系环境治理效率，促进整个产业链条的绿色升级。

绿色供应链这一新领域的研究者提出了各自对绿色供应链与绿色供应链管理概念的认识。绿色供应链概念起源于 Webb 在 1994 年提出的绿色采购概念，由美国密歇根州立大学制造研究协会在 1996 年进行的一项"环境负责制造（ERM）"研究中首次提出，其认为绿色供应链应将环境要素整合到供应链中产品设计、采购、制造、组装、包装、物流和分配等各个环节中。Steve V. Walton（1998）等认为绿色供应链管理就是将供应商加入到企业的环境战略中，其核心是将集成管理的思想应用到绿色供应链的领域中。Beamon（1999）在传统供应链的基础上加入回收、再利用和再制造这些活动流，提出了扩展型供应链，即绿色供应链。M. H. Nagel（2000）认为绿色供应链的管理涉及产品的使用、组装以及生产的全过程，在传统供应链思想的基础上强调环保意识，并且要求在供应链范围内达成一种长期稳定的战略合作关系，同时强调技术支持在绿色供应链运营和管理过程中的关键性作用，即绿色供应链与传统供应链的不同特征，讨论了在基于原始设备制造商（original equipment manufacturer，OEM）的供应链管理中进行环保意识管理的两种方法：绿色采购（green purchase，GP）及环保意识供应链管理（environmental supply chain management，ESCM），从商业运营层及战略领导层对这两种方法进行讨论，从战略、成本、周期、过程及创新等角度比较了两者的区别。Srivastava（2007）提出，绿色供应链管理是在供应链管理中产品设计、采购、制造、分销和产品生命周期末端治理管理等环节中综合考虑环境管理因素。但斌与刘飞（2000）认为：绿色供应链是在整条供应链内综合考虑环境影响和资源效率的现代管理模式，它以绿色制造理论和供应链管理为基础，涉及供应商、生产商、销售商和客户，目的是使得产品从原材料获取、加工、包装、仓储、运输、使用和报废处理的整个过程对环境的影响最小，使用资源的效率最高。

在供应链管理中融入环境管理，并注重两者的协调是绿色供应链管理与传统供应链管理模式的主要不同，绿色供应链、绿色供应链管理的主要含义可以通过与传统供应链、传统供应链管理的比较来加以说明，具体可以见表 8.1。

绿色供应链与一般供应链的比较分析　　　　　　　　　　　　　表 8.1

比较因素 ＼ 供应链	传统供应链/传统供应链管理	绿色供应链/绿色供应链管理
制造模式	精益生产、柔性制造、敏捷制造、分散网络化制造等	再制造、清洁生产、绿色制造等
产生的原因	不确定性、信息的不对称、牛鞭效应、市场变化加速等	环境破坏与资源紧缺、公众的环保意识增强等
构成的要素	制造商、供应商、销售商、物流企业、零售商、顾客等	制造商、供应商、销售商、零售商、物流企业、顾客、规制、文化、价值观、环境系统等
主要活动	物流、信息流与资金流	物流、信息流、资金流与知识流
哲理基础	资源的优化配置（效率理论）、系统论	资源的优化配置（效率理论）、公平理论（代际与代内）、系统论、集成思想等
管理目标	减少不确定性、确保利润的最大化	资源的优化配置、增加福利、实现与环境资源协调发展
管理战略重点	提高供应链中各个行为主体活动的速度和降低不确定性	提高供应链内各行为主体活动对环境的友好程度

与传统的供应链管理的哲理基础相比，绿色供应链管理有着明显的不同：传统供应链以最大化企业经济效益为目标，其理论基础是资源的优化配置理论，而绿色供应链的运营目标除了包括要实现企业利益最大化，同时也要努力实现供应链内各种活动与环境相协同共融，因此其理论基础不仅仅包括资源的优化配置理论，还应该体现可持续发展的理念，即在对资源的使用与开发过程中要充分考虑其公平性（包括代内不同区域内之间的公平与代际之间的公平性）。

绿色供应链要求供应链内成员的行为具有绿色的性质。众多研究者在绿色供应链的运营目标中考虑了供应链内各成员对环境的负影响或者要求其活动与环境相容，但这只是绿色供应链内涵的一部分。绿色是代表环保、生命、健康与活力的颜色，国际上一般用生命、节能与环保 3 个方面来形容绿色。可以用 5R 来描述绿色的特征和要求，即节约资源、减少污染、节能减排（reduce）；低碳生活、选购环保（reevaluate）；重复利用（re-use）；分类回收、循环再生（recycle）；保护生态、万物共存（rescue）等方面。从绿色所代表的内涵来看，绿色不仅代表了人类自身活动能满足人类自身福利的需要，而且要求与

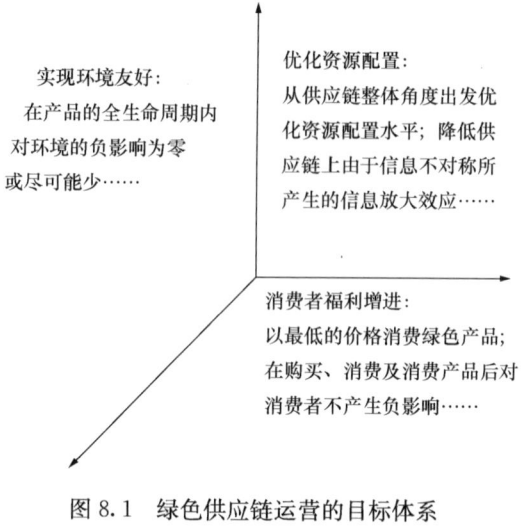

优化资源配置：
从供应链整体角度出发优
化资源配置水平；降低供
应链上由于信息不对称所
产生的信息放大效应……

实现环境友好：
在产品的全生命周期内
对环境的负影响为零
或尽可能少……

消费者福利增进：
以最低的价格消费绿色产品；
在购买、消费及消费产品后对
消费者不产生负影响……

图 8.1 绿色供应链运营的目标体系

环境相容；同时从供应链的组成来看，不仅要包括供应商、生产商与销售商和零售商等企业，而且也包括整个供应链最终产品的使用者——消费者。从生产活动与消费活动出发可以将供应链分为两个子系统：生产系统与消费系统，前者主要包括供应商、制造商、批发商和零售商等企业的活动，而后者主要是消费者。生产系统的目标主要是提高生产活动的效率，也就是提高资源的配置效率，优化资源的利用；消费系统的目标是提高其在消费过程中的效用，表现为消费的安全性即要求消费者在消费过程中与消费后对消费者健康不存在损害，消费系统的主要目标是提高其福利。因此对于绿色供应链而言其运营目标应该包括 3 个方面：①充分实现资源的优化利用（生产系统的主要目标）；②提高活动的社会福利（消费系统的主要目标）；③供应链内各成员的活动要求实现与环境相容的目标。图 8.1 表述的是绿色供应链运营的三维目标体系。

二、 绿色供应链与供应链及绿色制造的关系

供应链是生产及流通过程中，涉及将产品或服务提供给最终用户活动的上游与下游企业，所形成的网链结构。在供应链中，不同的生产过程与活动创造了产品或服务的价值，同时增加了产品或服务的成本，在其结束时形成中间产品、最终产品或服务，由销售网络把产品转移到消费者手中。供应链应用系统工程统筹规划企业的各种信息流、物流和资金流，克服各种损益，从而降低生产、流通和消费的成本，实现最高效率和最大效益。绿色供应链把"绿色"或"环保意识"的理念融入整条供应链，以求整条供应链的资源消耗和对环境影响最小，而降低资源消耗本身也是降低供应链成本的一个重要手段，因此绿色供应链能取得比单个企业绿色制造覆盖面更广泛的实际效果。

绿色制造是一个综合考虑人们需求、环境影响、资源效率和企业效益的现代制造模式，使产品从设计制造、使用到报废全生命周期中对自然环境的影响最少，对自然生态无害或者危害极小，使资源利用率最好，能源消耗降到最低。绿色供应链是绿色制造的一个重要组成部分。绿色制造主要是在制造各环节体现绿色化，包括在设计、材料、工艺、包装以及回收环节注重绿色环保技术的使用，而绿色供应链更强调对产品整个生命周期的绿色运作和管理，并在追求资源消耗和环境影响最小的同时追求降低供应链成本，供应链管理将促进绿色制造的有效实现；因此，绿色供应链更具系统性、集成性和实用性。

三、 绿色供应链管理的主要内容和目标

绿色供应链管理与运营过程，与一般供应链管理与运营流程存在很多相似的地方，但具体的内容不相同。具体的流程与内容包括：绿色供应链的构建（包括绿色供应链的设计

与绿色供应链内部成员的选择)、绿色供应链管理环境下的生产计划与控制、库存控制、物流管理、绿色供应链的绩效评价与合作机制等。

从绿色供应链运营的流程角度看,绿色供应链管理的具体内容包括 5 个方面:

1. 绿色设计

也称为生态设计或环境设计,指在产品及其生命周期全过程的设计中,充分考虑对资源和环境的影响,优化产品功能、质量、开发周期和成本等各相关要素,使产品及其制造过程对环境的总体负影响最小,产品的各项指标符合环保要求。研究表明,产品性能的好坏 70%~80% 取决于设计阶段,但是设计本身的成本仅仅只有产品总成本的 10%。因此,充分考虑产品对生态和环境的影响,努力做到设计成果在整个生命周期内资源利用充分、能量消耗少和环境污染少是设计阶段主要考虑的问题。绿色设计主要包括零件的标准化设计、模块化设计、可拆卸设计和可回收设计。零件的标准化设计使其结构形式相对固定,从而降低加工难度和减少能量消耗,减少工艺装备的种类和拆卸的复杂性;模块化设计基本满足绿色设计的要求,产品的模块化设计会使结构便于装配、拆卸和维护,发生损坏时可以更换零件,从而延长产品使用寿命;可拆卸设计要求在产品设计的初级阶段将可拆卸作为结构设计的一个目标,使产品的连接结构易于拆卸,制造工艺好,维护方便,并在废弃后可重新被使用,且充分有效地再利用,达到节约资源和保护环境的目的;可回收设计是一种体现零件、材料、资源利用最大化的一种设计思想,在产品设计初期就注重考虑产品回收的一系列问题,包括回收可能性、价值、处理工艺等。

2. 绿色采购

确保制造环节与环境相容的前提是采用绿色原材料,从源头上进行环保管理。在原材料投入的过程中要充分强调资源的减量化、循环与再利用。从自然界提取的原材料,经过各种手段加工形成零部件,同时产生废料和各种污染,这些副产品一部分被回收处理,一部分回到大自然中;零件装配成产品,进入流通领域,最终销售给消费者,在消费者使用的过程中可能发生损坏,然后经过多次维修和更换零配件等,直至到达使用寿命而报废;报废产品回收后经过拆卸分解,一部分完好零件被直接用于产品的装配,一部分零件经过加工处理形成新零件,剩下部分废品经过处理,一部分变成原材料加以利用,一部分返回到自然界,经过降解、再生,形成新的资源,通过开采形成原材料。采购环节的环境管理重点是对原材料供应商的管理,为了保证供应活动的绿色性,主要对供货方、物流进行分析。选择供应商需要考虑的主要因素包括产品质量、价格、交货期、批量柔性、品种多样性和环境友好性等,但绿色供应链管理需要在此基础上关注与重视环保过程的提高,对供应的产品有绿色性的要求,以降低材料使用、减少废物产生为目标,要求供应商对该生产过程的环境污染问题进行管理。在考虑环境管理因素的基础上确定供应商,对所确定的供应商需要强调绿色物流理念,对物流活动环节,如运输、仓储、搬运、包装、流通加工等过程对环境产生的负面影响进行管理。

3. 绿色制造

制造是指通过在原材料上施加物理、化学等作用,从而获得所要求的零件形状和性能。绿色制造除了传统制造的环节外,还需要着重考虑零件加工制造过程中的环境影响、资源消耗、输入输出评价、物料流动等。具体需要关注以下内容:①绿色工艺。在制造工艺的选择中,需要注重分析对环境的影响,包括加工方法、机床、刀具和切削液的选择,都要按照绿色制造的要求，基于车间资源信息，生成可供选择的多工艺路线，使得工艺选择更加简捷，从而达到减少能源资源消耗，降低工艺成本和污染处理费用等目标。②生产资源配置。随着加工水平的提高，尽量减少加工余量，便于减少材料的浪费和下脚料的处理。应考虑切削下脚料的回收、分类、处理和再利用。③安全管理。通过改善生产环境，调整工作时间及减轻劳动强度等措施，可提高员工的劳动积极性和创造性，提高生产效率。④环境保护。在产品整个生产过程中的各个环节上都不产生或很少产生对环境有害的污染物。

4. 绿色营销与消费

绿色营销是指企业对销售环节进行生态管理，强调要选择最有经济效益和环保效益的方式来实现商品的销售，绿色营销内容包括两个方面的内容：即提供的产品是绿色产品（对环境友好，同时对消费者的生命健康不产生负影响）和用绿色的方式来销售产品。绿色管理的重点包括：①绿色包装。消费者购买产品后，其包装一般来说是无用的，如任意丢弃，既对环境产生污染，又浪费包装材料。绿色包装主要考虑以下几个方面：实施包装减量化；易于重复利用；废弃物可以降解腐化；材料对生物无毒无害；包装产品的整个生命周期中，不应对环境产生污染。②绿色运输。在运输过程中会产生尾气、噪声以及能源资源浪费、环境污染等都是绿色物流管理中需要研究的问题。尤其是近年来能源危机日益显现、物流需求不断扩大，运输的绿色化凸显得更加迫切。如何做到运输速度、效率增长的同时污染排放、能源消耗降低，促进运输与资源环境之间的协调发展，找到运输的可持续发展模式已成为物流业发展的主要方向和趋势。绿色运输的管理主要强调发展集中共同配送、降低资源消耗和合理规划运输路径。集中共同配送指在更宽的范围内考虑物流合理化问题，减少运输次数。降低资源消耗指在货物运输中控制运输工具的能源消耗。合理规划运输路径就是以尽量短的路径完成运输过程。③绿色消费。绿色消费是从最终消费的角度，减少产品对环境的负影响，降低能源消耗和环境污染。延长产品的使用寿命，减少更换，增强产品零件的可替换性和可维修性，可以减少产品使用结束的环境影响和资源浪费。除此之外，废弃产品的再循环、再利用也是一种有效的手段，可以做到少制造、再制造，从而做到节约原材料和能源。

5. 产品废弃阶段的处理

科技进步速度的加快使得产品的功能越来越全面，同时使得产品的生命周期也越来越短，造成了越来越多的废弃物消费品，造成了严重的资源浪费和能源浪费，这成为固体废弃物和环境污染的主要来源。产品废弃阶段的绿色性主要指废弃产品的回收利用、循环再利用和报废处理。产品废弃阶段的处理主要包括回收、再利用、再循环、完全无用产品的处理等。我们应该扩大回收的范围，做好分类，尽量让废弃产品再次发挥作用，除了产品本身也包括对其材料的再利用。对于完全没有再利用价值的废弃产品，也要采取妥善环保的处理方式。

四、港口的绿色供应链

虽然当前对于港口的绿色供应链内涵和管理还没有清楚明确的界定和定义，但是港口作为供应链中的重要节点，港口的绿色实践和管理对于整个绿色供应链管理的重要意义是显然的。

现有的研究主要集中在绿色港口建设、生态港口建设等，从绿色供应链角度对港口的规划建设和发展转型的探讨还比较少。然而，供应链之间的竞争已经成为发展趋势，港口的竞争力需要从供应链的角度出发进行衡量，绿色港口的建设也需要在绿色供应链管理的视角下进行规划运营和全面研究，涵盖所有的港口活动，包括产品链和物流链的范围。

影响港口绿色供应链的主要因素体现为激励部分和阻碍部分。激励因素：①市场压力，消费者对于绿色消费品的需求以及供应链竞争对环境的要求。②市场份额，绿色供应链对于港口而言可以创造新的市场机会，增加顾客的满意度。③风险管理的需要，避免因为港口的污染问题、环境问题而产生的事故和风险。阻碍因素：①成本，由于采取环保措施而导致成本上升。②环境意识缺乏、环境标准不明确，以及供应链成员之间的衔接不畅。

第2节　港口的低碳物流与绿色供应链

一、　港口的低碳物流

与港口的飞速发展相协调，我国的港口物流整体发展迅速，但是与国外成熟港口相比，物流成本较高，能源利用效率低下，低碳技术应用不广泛。从绿色供应链的角度分析港口发展，港口物流的低碳化发展和转型十分重要。

影响港口物流低碳发展的主要因素包括：地理位置环境、港口规划设计、港口装卸运输设备、港口物流资源整合、港口物流低碳技术、港口物流信息化水平、港口物流低碳标准、低碳物流人才、港口物流组织管理、低碳物流财税政策、低碳物流法律法规、低碳物流金融服务、物流行业低碳监管等因素。根据对影响低碳物流发展的因素、现状的分析，提出促进港口低碳物流发展的措施，见表8.2。

影响港口物流低碳发展的因素和措施　　　　　　　　　　　　　　　表8.2

影响因素	现　状	措　施
港口的规划布局	规划布局不合理，影响城市环境	优化港口布局和运输系统，实现港区多种运输方式无缝衔接和零换乘
港口基础设施	基础设施薄弱，低碳物流技术应用少	整合港口现有条件，对港口基础设施进行技术改造，完善港口集疏运设施；合理安排作业流程，提高设备利用率，更新改进设备；优化装卸工艺流程，合理匹配装卸机械，降低港口装卸机械能源消耗
低碳相关法规政策	国家层面低碳法规不健全，港口层面低碳促进政策滞后	建立健全低碳相关法律法规，港口实行促进低碳物流发展的政策，通过奖罚等措施引导相关企业进行低碳化改造。学习借鉴洛杉矶港"清洁空气行动计划"经验
低碳物流人才	低碳物流人才缺乏，缺乏专业的人才去管理和运行	提高港口行业从业人员的低碳意识，加强培训，优化岗位设置和管理体制

二、 低碳经济下的港口物流业发展举措

1. 树立港口物流低碳发展的理念

低碳港口是以低碳理念为指导，建设环境健康、低能耗、低污染的新型港口，主要解决碳的高消耗、高排放、高污染这一矛盾，是低碳经济的衍生品和必需品。我国港口发展速度迅猛，推动了经济发展，然而在很长一段时间内忽视了对生态环境的保护，以二氧化碳为主的温室气体排放越来越多。低碳、绿色港口物流业的大力发展，首先需要社会各界积极参与和支持，树立低碳理念，理解和认可港口低碳发展。其次，政府和相关组织应有针对性地进行宣传教育，普及低碳发展理念。

2. 做好低碳港口物流发展的规划

从目前来看，我国是第二产业占主导地位的国家，这对我国减少碳排放的空间和可能产生了制约，第三产业碳排放相对少于第二产业，因此发展第三产业成为我国节能减排的重要手段之一。而作为现代服务业的重要组成部分，港口物流业自然成为了减少碳排放的一个关键点。所以应该做好港口减排的各项规划，包括：确定港口物流低碳转型的发展方向；提出港口物流低碳发展的思路；研究港口物流低碳发展方法、评价体系；规划港口物流低碳发展的技术路线和主要任务；做好港口减排的各项规划与港口其他发展规划的协调统一。

3. 强化低碳港口物流发展的技术支持

港口物流的低碳化、绿色化最终还是需要从运输、仓储、配送等环节入手，通过技术手段，推广和逐步应用低碳绿色技术，从而减少碳排放。在港口低碳化和绿色化过程中，国内外很多港口都有不少成熟有效的实践经验可以借鉴。美国洛杉矶港和长滩港实行了"清洁空气行动计划"，采取了一系列政策措施促进港区内污染排放、碳排放的减少，实践证明减碳效果良好；用清洁能源代替汽油和柴油、用节能设备代替传统用能设备是连云港港建设"绿色港口"的主要途径之一，目前岸电技术已经实现了一根电缆、高压上船、不间断供电、智能化运营，围绕着 LNG 在港口作业机械上的应用，连云港港还提出了"气化港口"的目标；天津港从 2002 年采用国内港口第一个地源热泵空调系统开始，在相关方面进行了十几年的有益探索，目前天津港公用 35 万平方米以上的建筑采用了地源热泵空调系统。

4. 建立低碳港口物流发展的激励约束机制

要促使港口物流朝着低碳环保方向发展，必须要通过一系列激励约束的政策机制进行引导。比如，英国为促进企业实行节能减排措施，生产运营低碳化，出台了一系列激励约束政策：通过征收气候变化税来增加企业碳排放成本；高耗能企业通过与政府签订自愿减排协议，达到减排目标的能够获得 80% 的气候变化税优惠；鼓励企业自主实行减排措施，包括开发利用清洁替代能源实现减排，也鼓励通过进入英国或欧盟排放贸易机制来促使自己减排；政府通过设立碳基金、资金补贴项目等，来给企业的节能减排提供必要的资金、技术、信息等支持。通过政策手段的配合使用，促使企业自主走上低碳化发展之路。我国港口低碳物流业的发展，也需要根据自身实际建立类似的激励约束机制，使港口物流企业既有压力，又有动力节能减排。

三、港口碳排放核算方法

气候变化关系我国经济社会发展全局，对维护我国经济安全、能源安全、生态安全、粮食安全以及人民生命财产安全至关重要。国家发展和改革委员会发布的《国家应对气候变化规划（2014～2020年)》要求"建立碳排放认证制度"，特别要求"建立健全温室气体排放基础统计制度和加强温室气体排放核算工作"，同时明确提出"在有条件的港口逐步推广液化天然气及新能源利用，积极推进靠港船舶使用岸电。加强港口、码头低碳化改造和运营管理"。减少温室气体排放、应对全球气候变化已经成为全球共识，我国建立温室气体排放统计核算体系应充分考虑与国际接轨的需要。

1. 港口碳排放核算依据

进行碳排放核算时，以国际公认的相关规定为依据，主要包括：

（1）温室气体协议

温室气体协议（Greenhouse Gas Protocol，简称 GHG 协议）提供了碳排放核算的指导性原则，其方法已经国际上政府和企业使用最为广泛的碳排放核算工具，结果通常应用于了解、量化和管理温室气体排放。GHG 协议由世界资源研究所（WRI）和世界可持续发展工商理事会（WBCSD）共同制定。GHG 协议为几乎所有国际上的温室气体排放标准和项目提供支持，并为数百个企业制定了温室气体排放清单。

（2）空气质量和温室气体工具

空气质量和温室气体工具（Air Quality and Greenhouse Gas Toolbox）是国际港口协会（IAPH）开发的工具系统，该系统提供了与港口相关的空气质量以及气候变化相关问题的解决方案，基于实际的港口经验，提供了空气、气候及其与港口和航运活动的关系的信息和减少排放策略以及开发清洁空气项目和气候保护计划指导原则。

2. 港口碳排放核算方法

（1）对象范围

GHG 协议在核算企业温室气体排放时，定义了3类不同的碳排放来源。

第1类排放源：该类排放源是直接排放源，由企业活动直接产生，是企业拥有或者控制的排放源通过静止燃烧、移动燃烧以及化学、生产过程或非故意释放的逸出源产生的；

第2类排放源：企业通过消耗电力从而导致的间接排放，直接的排放对象为发电厂，企业无法对排放源进行控制。供配电的企业在供配电过程中消耗电力所产生的排放计入本范围；

第3类排放源：企业除消耗电力外产生的间接排放，包括原材料采购过程中的生产开发、能源运输、产品销售及使用过程等环节产生的其他间接排放，本范围内的排放为企业活动产生，但是排放源不是企业拥有或者能够控制的。

按照不同类型碳排放源对温室气体排放进行核算，强化了企业根据不同排放源实施有效的管理和控制，避免了排放量核算过程中重复核算的问题。GHG 协议要求企业的温室气体排放核算至少应包括第1类排放源和第2类排放源的排放。

（2）边界范围

进行港口碳排放核算时，需要确定属于评估范围的排放源，依据港口能否控制排放源进行分类。因此，通常涉及3个核算边界范围。

物理边界范围：包括全部港口有形资产和基础设施所在的地理区域。由于对港口而言，挂靠港口船舶的排放也纳入评估范围，物理边界范围应扩大，将海运范围也包括其中。

组织边界范围：组织边界范围是在一个具有复杂母子公司构成结构的母公司范围内进行碳排放分配时所用的概念，组织边界范围由权益股份法或者控制范围法确定，权益股份法按照各公司占有的权益股份分配温室气体排放，控制范围法将温室气体排放全部分配给对财务和操作具有控制权的公司。

物理边界范围和组织边界范围（这两个边界范围可能部分重合，部分各自独有）共同确定了属于评估范围的各类排放源。

营运边界范围：营运边界范围根据港口、承租方和其他相关方的管理或者财务职责确定，可以采用权益股份法或者财务和营运控制范围法确定。企业温室气体第1类和第2类排放源为处于营运边界范围内的排放源，企业温室气体第3类排放源为处于营运边界范围外的排放源。

（3）数据处理方法

A. 电力消耗碳排放的计算方法

核算期内港口消耗电力的 CO_2 排放可通过以下公式进行计算：

$$E_E = (\sum_{i=1}^{n} C_{Ei} \times F_E)/1000 \tag{8.1}$$

式中：E_E ——核算期内港口使用电力的 CO_2 排放（t）；

n ——港口消耗电力的排放源数量；

i ——港口消耗电力的排放源序数；

C_{Ei} ——第 i 个排放源核算期内的电力消耗量（kWh）；

F_E ——港口所用电力的 CO_2 排放因子（$kgCO_2/kWh$）。

B. 燃油消耗碳排放的计算方法

核算期内港口消耗燃油的 CO_2 排放可通过以下公式计算：

$$E_F = (\sum_{i=1}^{n} C_{Fi} \times F_{Fi})/1000 \tag{8.2}$$

式中：E_F ——核算期内港口使用电力的 CO_2 排放（t）；

n ——港口消耗电力的排放源数量；

i ——港口消耗电力的排放源序数；

C_{Fi} ——第 i 个排放源核算期内的电力的消耗量（kWh）；

F_{Fi} ——港口所用电力的 CO_2 排放因子（$kgCO_2/kWh$）。

可以通过对燃油的热值、单位热值 CO_2 排放和比重进行计算而得。如果单位热值 CO_2 排放量无法获得，可参照政府间气候变化专门委员会（IPCC）出版的《2006 年 IPCC 国家温室气体清单指南》（2006 IPCC Guidelines for National Greenhouse GasInventories），从中选取所需燃料单位热值 CO_2 排放的缺省值。

C. 集疏运车辆碳排放的计算方法

核算期内，集疏运车辆在港内运行的 CO_2 排放可通过以下公式进行计算：

$$E_{EV} = (\sum_{i=1}^{n} D \times N_i \times F_V)/1000 \tag{8.3}$$

式中：E_{EV} ——核算期内集疏运车辆在港内运行的 CO_2 排放（t）；

　　　　n ——集疏运车辆进出港大门数量；

　　　　i ——集疏运车辆进出港大门序数；

　　　　D ——核算期内集疏运车辆在港口物理边界由进港大门到港内目的地或者由港内目的地到出港大门的平均运行距离（km）；

　　　　N_i ——经由第 i 个进出港大门进出港的集疏运车辆数；

　　　　F_V ——集疏运车辆运行单位距离的 CO_2 排放量（$kgCO_2$/km）。

D. 冷藏箱制冷剂泄漏的碳排放计算方法

核算期内，冷藏箱制冷剂泄漏导致的 CO_2 排放采用国家温室气体清单指南提供的方法进行计算，计算公式如下：

$$E_{RR} = (\sum_{i=1}^{n} W_R \times F_R \times D_S \times N_i \times G_{WPR}/365)/1000 \tag{8.4}$$

式中：E_{RR} ——核算期内冷藏箱制冷剂泄漏导致的 CO_2 排放（t）；

　　　　n ——冷藏箱规格的数量，冷藏箱规格有 20 英尺、40 英尺等；

　　　　i ——冷藏箱规格序数；

　　　　W_R ——冷藏箱制冷剂重量（kg）；

　　　　F_R ——冷藏箱制冷剂年泄漏系数（%）；

　　　　D_S ——冷藏重箱平均在港时间（d）；

　　　　N_i ——核算期内港口作业的第 i 种规格冷藏重箱数量；

　　　　G_{WPR} ——集疏运车辆运行单位距离的 CO_2 排放量（$kgCO_2$/km）。

E. 船舶活动的碳排放计算方法

核算期内，运输船舶或港作船舶在港口物理边界范围内活动的 CO_2 排放，根据欧洲空气污染物长程飘移监测和评价计划（EMEP）和欧洲共同体自然资源状况与环境协调信息系统（CORINAIR）2006 年 12 月出版的排放清单指南（EMEP/CORINAIR Emission Inventory Guidebook）提供的方法计算，计算公式如下：

$$E_{ST} = (\sum_{j=1}^{m} \left[(\sum_{i=1}^{n} t_i/24 \times F_j) \times N_j \times E_F \right])/1000 \tag{8.5}$$

式中：E_{ST} ——核算期内运输或者拖轮在港口物理边界范围内活动的 CO_2 排放（t）；

　　　　m ——在港口物理边界范围内活动的船舶类型数，如货船、集装箱船、拖船等；

　　　　n ——船舶在物理边界范围内活动类型数，如候泊、靠港、靠离泊操作等；

　　　　i ——船舶在物理边界范围内活动类型序数；

　　　　j ——在港口物理边界之内活动的船舶类型序数；

　　　　t_i ——船舶在港口物理边界范围内完成第 i 种类型活动的时间（h）；

　　　　F_j ——第 j 种类型船舶在物理边界范围内果冻的燃油消耗率（t/d），与船舶总吨有函数关系；

　　　　N_j ——核算期内港口物理边界范围内活动的第 j 种类型船舶总数；

　　　　E_F ——船舶使用燃油的排放因子（$kgCO_2$/t）。

第3节 港口绿色供应链的管理模式

一、低碳经济概念及核心要素

低碳经济是在全球气候变化背景下产生的。低碳经济的主要指导思想是可持续发展理念，依靠技术创新、制度创新、产业转型、新能源开发等，减少煤炭、石油等高碳能源的消耗和使用，提高资源利用效率，大力开发利用清洁低碳能源，并且在发展理念、行动、目标中都体现低碳性，到达经济发展和环境发展、气候变化控制协调的经济发展形态。

发展阶段、资源情况、技术水平、消费模式是低碳经济的四个核心要素。其中与发展阶段密切相关的主要是生产过程的低碳化、能源结构的低碳化和消费模式的低碳化。低碳经济可用如下概念模型表示：

$$LCE = f(E, R, T, C)$$

其中，E 表示的是经济发展阶段，主要体现在产业结构、人均收入和城市化等方面；R 表示的资源情况，包括传统化石能源、可再生能源、核能、清洁能源等；T 代表技术水平，指主要能耗产品和工艺的碳效率水平；C 代表消费模式，主要指不同消费习惯和生活质量对碳的需求或排放。

二、绿色供应链模式下的港口发展理念

在全球供应链的背景下，港口在交通运输网络系统中对国际贸易做出的巨大作用是无法替代的。然而，伴随经济全球化的深入，港口所承受的环境压力逐渐凸显，港口进一步发展与扩张对环境产生的影响受到了人们的持续关注，与港口相关的活动所带来的各种环境污染也引起了人们的重视，港口运营及管理者和供应链中其他的利益相关者都面临着严峻的挑战。

建设绿色港口旨在实现港口资源的综合利用、环境和谐、经济高效，促进港区以自然一经济一社会和谐的模式持续发展，关键是在环境污染和经济利益之间寻求一个平衡点，即港口的经济、社会发展不超过自然系统的承载能力，具体体现在：

环境友好型港口。在港口的规划设计和日常运营中要全面体现环保理念，走绿色港口的发展模式，对港区土地集约高效利用，保护港区水、土、空气、土地资源；积极发展建设低污染型、低碳型港口运输体系，采取低碳环保绿色的码头装卸工艺，建设专业化码头。

资源节约型港口。建立"效率-效益-环保-节约"同步的机制体系，通过统计港口资源消耗信息、控制资源消耗总量、提高资源利用效率等指导资源节约型港口建设。通过实行装卸作业机械升级换代、水平运输机械更新升级、到港船舶节能减排、员工操作规范化等措施，推动港口提高作业效率的同时减少污染和能源消耗。

运营安全型港口。港口的安全主要体现在人和环境的安全上。完善港口环保基础设施建设，建立健全港口环保监测、预警、信息统计等环保和安全体系。加强应急防范能力建设，制定和完善港口安全事故风险防范管理对策，通过完善的预先监测检查、发生事故应急预案处置、事后责任追究等安全体系，严防港口安全隐患，将损失降到最低。

生态文明型港口。生态文明港口不只是体现在对港区生态的关注上，更是环境、观念、意识、体制、能力等全方位的生态文明体现。在港口的发展运营中牢固树立以人为本的理念，港口建设充分体现人与自然和谐共处的目标，培育践行基于港口的生态价值观和生态伦理，形成港口发展、生态发展、人的发展有机统一。

在绿色供应链模式下，港口物流除具有一般供应链模式下的诸多特征外，还具有一些新的特征。

1. 绿色供应链管理始终强调"与环境相容"的原则

在绿色供应链管理模式下，港口物流服务供应链的构建与总体战略制定过程中，更加强调"与环境相容"的原则。"与环境相容"的原则以及绿色供应链的资源最优配置和增进社会福利的运营目标必须在物流运输的每一个环节得到执行和遵从，包括在港口物流服务供应链的初始构建过程中。在系统构建过程中，作为核心企业的港口对合作伙伴的评估和选择显得格外重要，不仅要考虑其生产能力、成本、质量、服务和信誉等基本因素，更应当采取适当的绿色指标体系对潜在成员进行综合评价。

2. 绿色供应链管理对港口物流信息化、标准化和无纸化要求越来越高

在绿色供应链管理模式下，信息成为港口物流发展的第一要素。港口物流服务供应链具有流程长、涉及面广、情况复杂、中间环节多和风险大等特点，需要用现代化的信息技术来实现对物流各环节的管理和协调。港口作为一个物流节点就需要在业务上及时和货主、船公司、物流企业等保持及时沟通协调，把及时准确的信息服务提供给客户。所以，港口供应链全过程的精确控制与管理需要一个完善协调的信息平台来支撑，实现供应链成员之间的信息共享。

3. 绿色供应链管理要求政府积极参与

政府作为绿色供应链运营的支持系统，需要为绿色供应链的有效运营提供有效的制度环境，采用监督和激励措施，为采用与环境相容活动的成员提供一个公平的竞争环境，并引导与约束港口供应链其他成员采取与环境相容的活动。

政府应该建立健全一系列绿色物流法规，包括环境立法、排污收费制度、许可证制度和绿色物流标准等。同时政府应采取相应的政策激励措施，如"绿色补贴"政策、税收政策、产业引导等，为港口绿色物流发展供保障，为港口供应链成员提供良好的发展环境。

4. 绿色供应链管理要求港口物流系统扩展到整个物流体系建设

在绿色供应链管理模式下，为了提高港口物流企业的核心竞争力，港口物流服务由港口物流系统扩展到整个物流体系建设，加强与供应商、制造商和分销商的合作。通过提供全程物流服务、海陆物流运输服务、物流配送和加工、贸易等增值服务，港口在物流方面的投资重点也发生了变化，投资由港口仓储设施、装卸设施方面转向物流体系建设，形成稳定畅通的物流体系，以实现港口物流服务的效率、质量提高的同时，物流成本降低。

三、 绿色港口的合作共建

1. 战略决策层面（国家宏观政策）

21世纪以来，随着国民经济快速增长，我国港口取得长足发展，2015年全国港口完成吞吐量127.50亿吨，其中集装箱吞吐量为2.12亿TEU，分别较2010年增长42.7%和45.2%，已连续13年位居世界第一，且2015年全球港口货物吞吐量前十大港口中，中国

港口占据七席，优势地位稳固。但是我国港口发展仍然停留在比较粗犷的发展模式中，碳排放强度高，减排任务艰巨，特别是港口效率、效益和低碳环保理念的实践与行动方面与世界发展比较成熟的先进港口相比还有较大差距，有进一步提升的空间。

(1) 建设绿色港口是港航业应对国际减排压力的需要

根据世界银行公布的数据，2006年起我国 CO_2 排放量已经超过美国，成为全球第一排放大国，使得我国在应对全球气候变化方面面临巨大的国际减排压力。建设绿色港口，推动港口生产节约能源，提高能效，应用绿色、低碳技术，降低能耗和排放强度，有利于我国实现 CO_2 减排承诺，应对国际减排压力。

(2) 建设绿色港口是国家"五位一体"中生态文明建设需要

随着我国环境、资源、生态问题的日益严重，国家对于环境保护和生态文明建设的重视已经到达非常高的程度，生态文明成为国家"五位一体"总布局的重要组成。建设绿色港口是生态文明建设的重要组成，也是践行绿色发展理念的需要。

建设绿色港口需要充分挖掘港口设施的潜力，告别粗放式的发展，真正提高港口效率。在提升港口通过能力，满足腹地经济贸易发展需要和运输需求的同时，尽量减少资源和能源消耗，降低污染排放和二氧化碳排放，努力保护港口生态环境和维持生态平衡，推动港口发展模式的转型升级。

(3) 建设绿色港口是适应交通运输业发展转型的需要

土地、岸线等资源紧缺的刚性约束对我国交通运输发展的影响将进一步显现，环境和生态保护任务将更加繁重，强调要促进交通运输的绿色发展，促进资源节约和环境保护，促进发展模式向高能效、低能耗、低排放改变。

目前整个交通运输业都在积极推进转型升级，港口作为水运的重要组成，应当发挥自己的作用，紧跟整个交通行业的形势。绿色港口是港口转型升级的重要内容之一，其强调节约利用资源、集约利用土地、保护生态和环境，建设绿色港口是交通运输业绿色发展的基础之一，也是交通运输业发展转型的需要。

(4) 建设绿色港口是港口可持续发展的需要

我国经济贸易规模和物流运输需求仍将不断增长，水运具有低能耗、低污染等其他运输方式不具有的优势；因此水运在综合交通运输体系中的地位和作用将在交通行业转型升级中得到进一步提高；因此，港口作为水运重要基础设施和组成部分，其通过能力仍然需要扩大。

建设绿色港口有利于保护环境和生态，减少港口建设和生产对周边居民生活的影响，有利于资源的合理利用，缓解港口所在地资源紧缺状况，建立和谐港城关系，提升港口可持续发展能力。

2. 管理控制层面（港口企业）

港口作为港口供应链中的核心企业，在绿色供应链管理模式下，应该贯彻低碳理念以及绿色供应链管理的思想，促使各企业之间以及整个港口供应链诸节点之间形成共同目标：绿色、低碳、环保，并且通过管理效率的提升和绿色技术的应用，使整个供应链的资源消耗和环境副作用最小，实现系统环境最优的目标。

在一般供应链的运营模式中，港口的企业文化和价值观念是建立在经济效益最大化的基础上的。而在绿色供应链的运营模式中，系统整体的核心目标依然是效益最大化，但这一目标是建立在"港口与环境协调发展"的理念基础上。

受到外部环境的影响，港口企业能从大局考虑、高瞻远瞩地围绕绿色、低碳等理念进行运作，而其他成员企业往往只能看到短期的、局部的利益，不能很好围绕该经营理念进行运作。如果合作成员与港口企业在企业文化与经营理念上不相容，合作成员往往难以提供合格的中间品和相关服务，由此导致绿色供应链运营模式不能有效实施。为消除这些障碍，港口企业必须采取各种方法和措施在绿色供应链中推广其绿色价值观（对成员企业进行定期培训、采用激励机制促进其推行绿色文化等）。只有各成员的企业文化、经营理念保持协同一致，港口供应链才能不断增强其核心竞争力、高效合理地运营。

3. 业务操作层面（绿色技术）

从港口企业的角度，绿色技术创新包括很多方面，在码头的规划布置上可以优化码头功能布局，建设专业化码头；在装卸工艺上改良装卸工艺，减少高能耗作业环节，对高能耗的装卸设备进行升级改造，大量采用电动节能设施设备等。

（1）轮胎式集装箱门式起重机（RTG）变速柴油机技术

该技术应用了变速柴油机的节能工作原理，即 RTG 在运行过程中柴油机不再一直是恒速模式，通过能量转换系统和智能管理系统控制，可以识别荷载大小，全程控制柴油机的转速，输出符合负载需求功率的电能，避免在低负载情况下依然输出高功率的电能，造成浪费，使柴油机始终处于最经济最合理的工作状态，以达到最佳节油率，节能比例逾40%，减排 50%。

（2）轮胎式集装箱门式起重机（RTG）"油改电"技术

"油改电"技术是目前 RTG 最有效的节能减排技术，主要采用滑触线或电缆卷筒供电方式，用市电代替柴油动力，以解决 RTG 油耗高、噪声大、污染环境等问题。天津港从 2006 年开始应用集装箱轨道式场桥，三年累计节约能源 1.29 万吨标煤。在此基础上，集装箱轮胎式场桥"油改电"工程，每年可节约能源约 1.31 万吨标煤。

（3）船舶岸电供电技术

船舶岸电供电是指船舶靠港期间，停止使用船舶发电机而改用陆地电源供电，以降低靠泊船舶的废气排放及对环境的污染。码头的岸电通过船舶上备用岸电箱和连接电缆对船舶上的电气设备供电。通常，码头提供岸电的功率为靠港船舶上单台发电机的额定功率，能满足船舶各种电气设备的用电需求。2010 年 7 月，上海港与中国海运集团联合发表港航携手共建绿色水运宣言，启动岸基船用供电系统，此系统可以降低船舶靠岸时使用油料发电产生的废气污染，减少二氧化碳的排放。

（4）精确配煤技术

荷兰鹿特丹港采用精确配煤技术，不仅投资低，而且实现了煤炭的清洁利用，达到科学、精确混配的目的，每年降低成本 1 亿欧元。

（5）电网补偿体系

广州港实行了集中补偿、分散补偿和就地补偿"三位一体"的电网补偿措施，补偿体系覆盖范围较广，从大型设备，到各级变电站，再到整个电网均涵盖在内，平均功率因数控制在 0.9 以上，从而大大降低了港区的无功损耗，提高电能的利用效率。

（6）发光二极管（LED）照明技术

LED 照明技术在港口领域主要应用于高杆灯、机械照明，采用低能耗的 LED 灯替换高压钠灯，达到节能减排、节省资金和环保的目的。

以上实例很好地说明，绿色节能技术的运用，不仅能降低港口经营成本、提高港口经济效益，而且还为港口实现可持续发展提供了广阔的前景，为实现绿色港口的建设提供技术上的保障。

四、 港口的低碳化改造优化策略

对港口进行低碳化改造，可以从生命周期的角度，分析低碳型港口资源的环境效益，在对低碳型港口改造前后的运营成本分析的基础上，研究低碳型港口资源的经济效益。本章介绍一种确定港口资源的低碳化改造策略及时机的方法。

为确定港口资源的低碳化改造策略及时机，以港口资源在寿命期内总成本最小为目标，构建港口单资源低碳化改造动态规划模型。为保障港口低碳化建设或改造后的经济和环境效益，以港口系统内的碳排放最少、运营成本最低为目标，建立低碳型港口资源配置多目标优化模型。

1. 低碳型港口资源经济效益分析

港口在低碳化改造前后，港口资源成本的变化主要为港口设备资源成本、设备消耗的能源成本的变化，其他资源（例如设施等）的成本变化不大。为此，低碳型港口资源经济效益仅考虑低碳型港口设备（能源）资源的经济效益。

港口的年运营成本主要包括系统中各资源的能耗成本（当不消耗能源时，能耗成本为0）、维修与人工成本、碳排放成本、资源的改造成本以及资源的购置成本，其中碳排放成本通过征收碳税来获得。征收碳税是减少温室气体排放的主要措施之一，虽然在我国并未开始实施，但从长期发展来看，随着国际贸易往来的逐渐增多，作为《联合国气候变化框架公约》的缔约方之一，征收碳税符合我国低碳经济发展的方向。为此，可借鉴欧盟等国家的发展经验，探讨实施碳税对低碳型港口建设或改造的影响。低碳型港口由于使用低碳技术，虽碳排放成本大幅度降低，但能耗成本可能增加，无法定性分析运营成本在低碳技术实施后变化。同时，由于资源的改造或购置成本较高，无法直接判定港口低碳化运营后的经济效益。可以通过对比低碳型港口改造前后的运营成本，分析低碳型港口资源的经济效益。

2. 低碳型港口资源环境效益分析

港口生产能耗占总能耗的 80% 以上，主要考虑运营阶段装卸运输设备和生产基础设施的低碳化建设情况，包括：节能低碳技术的应用（例如设备能量回收）、新能源的使用、港口配备岸电设施以及绿色照明灯具的安装情况。节能低碳技术和新能源的应用、船舶使用岸电设施、绿色照明灯具的安装等低碳型港口的具体措施可有效地减少港区直接的碳排放量，港区的环境效益显著。然而，能源在开采、生产及传输过程中均会对环境产生影响，无法直观判断上述措施的实施对总体生态环境的影响。为此，系统的量化（新）能源（包括电力和蒸汽）在开采、运输、炼制、配送、消耗等全生命周期各个环节的消耗及碳排放，才能准确分析低碳型港口资源的环境效益。

全生命周期评价是指"对一个产品系统的生命周期中输入、输出及其潜在环境影响的汇编和评价，具体包括互相联系、不断重复进行的四个步骤：目的与范围的确定、清单分析、影响评价和结果解释"；这是一种用于评估产品在其整个生命周期中，即从原材料的获取、产品的生产直至产品使用后的处置，对环境影响的技术和方法。

3. 低碳型港口资源优化配置

低碳型港口资源的环境效益显著，而其经济效益则取决于能源价格、改造成本、年工作时间、年维修成本等多方面影响因素。

运用场桥资源低碳化改造动态规划模型对该港区的场桥按照不同役龄提出用能结构改造策略；征收碳税是减少温室气体排放的主要措施之一，虽然在我国并未开始实施，可借鉴欧盟等国家的发展经验，探讨实施碳税对港口资源低碳化改造的影响，现有研究结果表明：碳排放成本在总成本中所占比例略小，征收碳税对用能结构改造决策影响较小，碳排放限额对场桥用能结构改造决策有显著影响。

4. 港口低碳化改造优化模型——以集装箱港区垂直运输用能改造为例

随着国家降本增效和节能减排的要求不断提高，港内机械设备的用能结构优化已成为集装箱码头迫切需要解决的问题。码头堆场内集装箱垂直运输工具作为集装箱码头主要的耗能设备，自交通运输部2008年制定下发《关于港口节能减排工作的指导意见》以来，应用电力驱动代替柴油驱动（油改电）的改造技术已在中国多个港区推行。

轮胎式集装箱门式起重机（RTG）油改电实施的前期工作是确定其用能结构改造的时机。同时，改造后的电动轮胎式集装箱门式起重机（ERTG）在使用过程中由于磨损老化需进行更新。此外，场桥的运营成本、碳排放量和残余价值均与RTG的改造时机和ERTG的更新时机相关。而场桥运行的平稳高效与否直接影响集装箱码头的经济社会效益。因此，为合理规划场桥的使用年限，本书作者所属研究团队提出场桥用能结构离散型动态规划模型，旨在确定碳排放和投资成本约束下RTG用能结构改造与更新的最优策略。

（1）问题描述

RTG役龄与改造策略之间存在一定关系，见图8.2，假设研究RTG在5年内用能结构改造的最优策略，RTG的当前役龄为第2年，则RTG在每年均需要做出决策。对于改造后的电动轮胎式集装箱门式起重机（ERTG），在RTG进行改造后的每年需要做出决

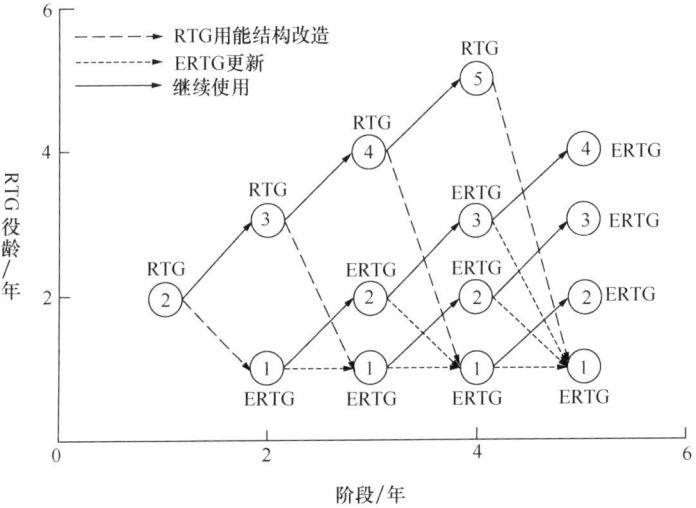

图8.2　RTG役龄与改造策略的关系

策，ERTG 进行更新与 ERTG 继续使用。

考虑场桥的磨损和消耗，ERTG 的营运和碳排放成本将会随着时间而增大，因此，有可能会进行更新，否则，ERTG 将继续使用直到寿命期结束，RTG 在第 i 年改造后的问题为 ERTG 的设备更新问题。为确定集装箱港区场桥用能结构改造的最优策略，将场桥用能结构改造问题转化为在场桥寿命期内 RTG 先进行用能结构改造（油改电）、ERTG 再进行更新的问题。同时，RTG 用能结构改造的决策结果会对 ERTG 更新的决策产生影响。场桥用能结构改造问题就是要合理地规划各阶段场桥的使用年限，在满足节能减排效益的情况下使总成本达到最低，确定改造的最优策略。

此外，RTG 的油改电策略与 ERTG 的更新策略均受各阶段的成本与碳排放约束的影响，如 ERTG 的改造与更新成本、场桥的营运成本（能耗成本、人工成本、维修成本等）与场桥的残值成本等。

（2）模型假设

本节在构建模型时做了如下假设：场桥用能结构的改变不影响场桥生产作业；不计入场桥改造过程中产生的碳排放；场桥用能结构改造过程中对其他场桥没有影响，均在 1 年内完成，并且场桥在改造过程中不产生营运成本；场桥用能结构改造不影响其使用寿命；各年的成本费用按年初法进行计算。

（3）离散型动态规划模型

在假设条件下，场桥的寿命为 T_r，从阶段 h 到阶段 $h+1$ 的状态转移方程为

$$S_{h+1} = \begin{cases} S_h + 1 & d_h = 0 \\ 0 & d_h = 1 \end{cases} \tag{8.6}$$

式中：S_h 为阶段 h 时场桥的状态，即为在第 h 年开始时的场桥役龄；d_h 为场桥在阶段 h 时的决策状态，d_h 取 1 表示场桥进行改造或者更新，d_h 取 0 表示场桥继续运行。

从碳税成本和碳排放总量限额 2 个角度综合考虑场桥碳排放影响，建立场桥用能结构改造策略的离散型动态规划模型为

$$Z = \min\{A, B\} \tag{8.7}$$

$$A = C + P(2) \tag{8.8}$$

$$B = \min_{i=3,\cdots,T_r} \left[C + D + P(i) \right] \tag{8.9}$$

$$C = C_c + C_q \tag{8.10}$$

$$D = \sum_{h=0}^{i-3} \left[C_r(S_h)Q + E_{r,CO_2}(S_h)P_{CO_2} \right] \tag{8.11}$$

s.t $\quad C + C_e(0)Q + \sum_{k=1}^{f(j)} C_{n,e}(k) \leqslant I$

$$E_r + E_t \leqslant E_{CO_2} \tag{8.12}$$

$$E_r = \sum_{h=0}^{i-1} E_{r,CO_2}(S_h) \tag{8.13}$$

$$E_t = \sum_{h=i}^{T_r-(i-1)} E_{t,CO_2}(S_h) \tag{8.14}$$

式中：Z 为场桥在寿命期 T_r 内的最小总成本；j 为 RTG 改造完成后 ERTG 进行更新的时间；A 为当前役龄为 S_k 时，场桥在第 2 年年初完成油改电改造与在第 $j(j=i,i+1,\cdots,T_r)$ 年 ERTG 完成更新时的总成本，i 为 RTG 用能结构改造完成时间；B 为当前役龄为 S_k 时，场桥在第 $i(i=3,4,\cdots,T_r)$ 年年初完成油改电改造与在第 $j(j=i,i+1,\cdots,T_r)$ 年 ERTG 完成更新时的总成本；C 为 RTG 进行用能结构改造的改造成本和改造当年的营运成本之和；$C_e(S_h)$ 为 ERTG 在役龄为 S_h 时的营运成本，因此，$C_e(0)$ 为 RTG 在第 i 年年初完成改造后，ERTG 当年（$S_h=0$）的营运成本；Q 为单场桥的年操作箱量；$C_{n,e}(k)$ 为 ERTG 的更新成本；$f(j)$ 为计数函数；k 为计算次数；I 为投资额度；E_r 为 RTG 改造前直接的碳排放量；E_t 为 ERTG 转场时直接的碳排放量；E_{CO_2} 为单场桥的碳排放限额，当不限制 CO_2 排放时，E_{CO_2} 趋于无限大；$P(i)$ 为 RTG 在第 i 年年初完成改造后，ERTG 在剩余阶段最优策略下的总成本最小值；D 为 RTG 在第 $i-1$ 年进行油改电之前场桥的营运成本及碳排放成本之和；C_c、C_q 分别为在第 $i-1$ 年到第 i 年年初 RTG 进行油改电的改造成本（机上改造与土建基础等）和改造当年的营运成本，只与场桥的役龄有关；$C_r(S_h)$、$E_{r,CO_2}(S_h)$ 分别为在场桥进行用能结构改造前，RTG 役龄为 S_h 时的营运（人工、维修、能耗）成本和碳排放量；P_{CO_2} 为碳税值，当不考虑碳税成本时，令 P_{CO_2} 为 0；$E_{t,CO_2}(S_h)$ 为在 ERTG 的役龄为 S_h 时，ERTG 转场时的碳排放量。

$$P(i) = \min\{G, H\} \tag{8.15}$$

$$G = \sum_{h=i}^{T_r-(i-1)} M(S_h) - S_{S_{T_r}} \tag{8.16}$$

$$M(S_h) = C_e(S_h)Q + E_E V_e(S_h)P_{CO_2} + E_{t,CO_2}(S_h)P_{CO_2} \tag{8.17}$$

$$H = \min_{j=i,\cdots,T_r}\left[\sum_{h=i}^{j-i} M(S_h) + C_{n,e}(k) - C_{t,e} + C_e(0)Q + P(j+1)\right] \tag{8.18}$$

式中：G 为 RTG 改造完成后，ERTG 在寿命期的剩余阶段不再进行更新的总成本；H 为 RTG 改造完成后，ERTG 在剩余阶段于第 j 年进行更新的总成本最小值；$M(S_k)$ 为 ERTG 在役龄为 S_k 时的营运成本与碳排放成本（使用电力间接排放和转场时使用柴油直接排放的碳排放成本）之和；S_{S_h} 为 ERTG 在役龄为 S_h 时的残值，通常使用年限越长，其再出售时的残值越小，$S_{S_{T_r}}$ 为 ERTG 运营到寿命期最后一年的残值；E_E 为场桥使用电力的 CO_2 排放系数；$V_e(S_h)$ 为役龄为 S_h 时的 ERTG 的单位能耗；$C_{t,e}$ 为 ERTG 在第 j 年进行更新时的交易费用，与役龄相关；$P(j+1)$ 为 ERTG 在第 j 年进行更新（在第 $j+1$ 年时，$S_h=1$）后，在剩余阶段（$j+1,\cdots,T_r$）最优决策下的总成本最小值。

$P(i)$ 递推公式的边界条件为

$$P(T_r+1) = -S_1 \tag{8.19}$$

在实际工程中，$i=2,3,\cdots,T_r$，因此，当 i 取 T_r+1 时，仅为对函数迭代进行的理论上的选值。

本节建立了考虑碳排放的集装箱港区单场桥用能结构改造策略的离散型动态规划模型。以单场桥寿命期内的总成本最小为目标，考虑各成本随时间动态变化以及碳排放量和投资成本约束，通过后向递推逆序法进行求解。该方法可应用在我国各沿海集装箱码头，确定港口用能结构改造的最佳时机。

第4节　港口绿色供应链的管理案例

一、洛杉矶港在绿色供应链管理中的实践

1. 洛杉矶港简介

洛杉矶港是美国的主要港口之一，是加利福尼亚州南部面向国际贸易的门户，是美国最大的集装箱港口。洛杉矶港位于圣佩德罗湾，在洛杉矶市中心南部20英里，截至2015年，港口面积7500英亩，拥有43英里海岸线和25个码头，包括2个客运码头、8个集装箱码头、4个杂货码头、3个干散货码头和7个液体散货码头，以及1个汽车码头。同时，洛杉矶港还具有商业捕捞、船舶维修、商业零售、旅游休闲和文化展示等众多功能。

2. 洛杉矶港的绿色供应链管理

在减少污染排放、保护港区环境和建设绿色港口方面，洛杉矶港在全球港口中处于领先位置。通过实施清洁卡车计划、船用岸电计划等革命性的举措，减少化石能源消耗和温室气体排放。

(1) 清洁空气计划

2006年，洛杉矶港和长滩港一起通过了圣佩德罗湾"清洁空气行动计划"，2010年又对行动计划做了更新。通过加大投资、发展清洁技术、港口设备更新升级和开展监测和跟踪评价等手段大幅度降低船舶、码头内燃机动力机械、火车和货运卡车在港口及其周边地区的废气排放量，改善环境空气质量，促进区域经济和环境协调发展。

清洁空气计划从政策上对船舶、卡车、火车、装卸设备、港作船舶和能源6个方面的污染排放进行了控制，如表8.3所示。

洛杉矶港清洁空气计划政策措施一览表　　　　　表8.3

污染排放对象	政策措施
船舶	对更换最新发动机或者采用降低氮氧化物的船舶进行资金补贴 对进港航速降到12节以内的船舶进行补贴 船舶装卸货物时使用岸电系统，代替发动机供电
卡车	实行清洁卡车计划，建立污染卡车逐步退出机制，用低排放卡车替代
火车	采用低排放的火车机车，同时控制火车空转在15分钟以内
装卸设备	投入资金对港口装卸作业机械进行升级改造，鼓励采用电动起重机和码头设备
港作船舶	确保港作船舶，包括拖轮、工作船和船员船的排放达到标准，同时保证港作船舶不使用时接入岸电
能源	实行能源管理行动计划，保证供应能源可靠、高效和可持续

同时，洛杉矶港还与科研院所、环保部门等单位联合进行船舶、港口装卸机械、重型卡车、火车机车等燃油尾气排放测定研究，应用实验室动力机和流动实验室测定燃油引擎尾气污染物排放系数，建立自己港口的大气排放清单和排放模式。

(2) 船用岸电计划

船用岸电计划旨在减少船舶停靠码头期间的污染排放。通过使用岸上电源给船舶供

电，代替船舶发动机，来减少在港区的污染排放。洛杉矶港投入数百万美元对码头进行岸电改造，截至2014年1月，洛杉矶港有24个泊位配备岸电设施，是世界所有港口中最多的。

（3）环境管理系统

环境管理系统的总体目标是促进港区环境系统持续改善，并通过计划-执行-检查-行动的模式对现在和规划的项目根据其潜在环境影响进行评估。通过教育和交流计划将港口各部门的员工都纳入到环境管理过程中。

二、 鹿特丹港在绿色供应链管理中的实践

1. 鹿特丹港简介

位于荷兰西南，有远洋船泊位380多个。鹿特丹港已发展成为极具规模的国际化、现代化新型港口。截至2015年，鹿特丹港码头岸线总长42公里，港区面积126平方公里，其中陆域面积约78平方公里，水域面积约48平方公里，最大水深可达24米。鹿特丹港作为欧洲第一大集装箱港口，与世界各地1000多个港口开辟航线，并通过建立便捷、高效的多式联运网络，能够将集装箱运往欧洲境内的所有目的地。整个港区有近1000家企业入驻，在高度市场化的环境下，这些企业已形成了多条完整的产业链。此外，港区内拥有大批极具竞争力的优质服务供应商和先进码头，并拥有规模庞大的产业集群。

2. 鹿特丹港的绿色供应链管理

鹿特丹港不仅是欧洲第一大港，在废物利用、清洁能源使用和建设绿色港口方面，鹿特丹港也处于领先位置。通过建设生物港、推广LNG等举措，减少化石能源消耗和温室气体排放。

（1）生物港建设

鹿特丹港是世界上最大的"生物港（BioPort）"。每年超过1500万吨的生物原料在鹿特丹港进行储存、交易和转运，其中逾100万吨生物原料用于生成生物能源。作为运输生物原料的主要港口，鹿特丹港为生物能源公司提供存储、污水处理、蒸汽锅炉等设施，并规划40公顷的区域支持创新型化工项目，使其专注自身核心生物产业。通过对生物公司进行投资、合作，鹿特丹港每年能够生产超过120万吨的生物燃料，为可再生新型能源的开发利用做出贡献。同时，Goodfuels Marine、Boskalis和Wärtsilä三家公司已于2015年10月联手在鹿特丹港创建世界上首个船用生物燃料公司（marine biofuel company），为全球商船提供生物燃料。该三家公司在鹿特丹港启动了为期两年的试点项目，拟组建世界最大生物燃料集团。在鹿特丹港，船舶可快速、高效地加装由生活废油加工成的供船舶使用的高质量生物燃料。

（2）LNG燃料及LNG动力船舶推广

鹿特丹港是欧洲首个有能力供应和进出口液化天然气（LNG）的港口。LNG在鹿特丹港气化后通过管道输送至欧洲天然气网，作为清洁能源，LNG同样也可成为航运的替代能源。鹿特丹港作为LNG输运枢纽，对推广LNG成为船舶能源有着得天独厚的优势。鹿特丹港在2015年12月启动新的LNG燃料激励措施，鼓励船舶使用LNG燃料。到2020年期间，在鹿特丹港使用LNG燃料的远洋船舶，在总港口费上享受10%的折扣。2016年2月，鹿特丹港与阿拉伯联合国家轮船（UASC）合作，共享"绿色供应链"。

UASC 是中东首个提出航运可持续发展的航运公司，并推出全球首个 LNG-ready 超大型集装箱船（ULCCs），两者的合作促进了 LNG 动力船舶的推广，为创建绿色港口做出积极贡献。

（3）零排放、全自动化码头及垃圾再利用

在清洁能源方面，鹿特丹港还拥有由马士基集团运营的世界上第一个使用零排放、全自动化货物装卸设备的码头——马斯莱可迪二号（Maasvlakte II）自动化码头，还与 Enerkem 公司合作，将国内和其他地区的垃圾生产为合成气。

（4）船舶废弃物供应链绿色协定

鹿特丹港于 2014 年签订了"船舶废弃物供应链绿色协定（the Green Deal Ships' Waste Supply Chain）"，对在港船舶囤积废物、废物检查、废物分类处理和协调等事宜提出要求。2014 年至今，船舶塑料废物分类收集业务正稳步增长。从 2016 年起，在对废弃物进行分类的前提下，远洋船舶可在鹿特丹港免费处理船上塑料废弃物。

第9章　港口供应链冷链物流运作模式

冷链物流是以冷冻工艺学为基础、以制冷技术为手段的低温物流过程，其对冷藏技术和时间有严格要求；因此，建设投资大、技术复杂、专业化程度高，要求冷链各环节具有更高的组织协调性。同时，冷链物流市场网络分散，而且部分冷藏货物的季节性差异和消费市场的地域不同，冷链运输具有区域性和季节性不均衡的特点。我国港口冷链物流总体上处于"起步晚、服务附加值低"的阶段，随着消费方式与食品观念的转变，产业结构升级与全国冷链物流网的铺开，冷链基地和冷藏货物消费将不断扩展，冷链物流将成为港口经济发展的新亮点，其在港口的运作模式对供应链体系的高效运转起到至关重要的作用。

第1节　冷链物流概述

一、冷链物流的基本概念

《中华人民共和国国家标准物流术语（GB/T 18354—2006）》中规定：冷链（Cold Chain）指"为了保持物品的品质，根据物品的特性而采取的从生产到最终消费的整个过程中始终处于低温状态下的物流网络。"

欧盟定义冷链为：从原材料的供应，经过生产、加工或屠宰，直到最终消费为止的一系列有温度控制的过程。

二、冷链物流的特点及适用范围

由于冷链物流是以保证易腐物品品质为目的、以保持低温环境为核心要求的供应链系统，相比于一般常温物流系统，冷链物流具有以下特点：

1. 时效性：易腐生鲜产品的不易储藏性，要求冷链物流的冷藏技术和时间必须满足一定的时效性，同时要求冷链各环节具有更高的组织协调性。

2. 高成本性：相比于常温物流的建设投资，冷链物流冷库的建设、冷藏车的购置、制冷设备的运转均需要较高的投入。

3. 复杂性：整个冷链物流过程中，冷链需要复杂的制冷技术、保温技术、产品制冷变化机理和温度控制及监控等技术支撑。而且，由于不同的冷藏物品对温度控制和储藏时间的要求也不相同，这就加大了冷链物流的复杂程度。

冷链物流主要适用于以下三类产品：

◆ 初级农产品：蔬菜、水果、肉、禽、蛋、水产品、花卉产品等。
◆ 加工后产品：禽、肉、水产等熟食、速冻食品、冰淇淋以及奶制品等。
◆ 特殊商品：药品和疫苗等。

各类产品冷藏温度见表9.1。

各类产品贮藏温度范围   表 9.1

	超冷链产品 （-50℃）	冷冻温度 （-18℃～-3℃）	冰温温度 （-2℃）	冷藏温度 （0℃～7℃）	普通温度 （超过7℃）
果蔬			草莓	绝大部分喜凉果蔬	香蕉、荔枝、柠檬、辣椒、黄瓜、马铃薯、番茄、南瓜
奶类及乳制品		冰淇淋、雪糕、冰棍		巴氏奶、酸奶	常温牛奶
速冻食品		速冻食品			
水产品	生鱼片	多数水产品			
肉蛋类		牛肉、羊肉、猪肉、禽、冰蛋		鲜蛋	
医药品		少量冷冻药品		疫苗、注射剂、生物药品	

三、冷链物流流程和环节

普通冷链结构一般由以下几个环节组成：

1. 原材料的获取及冷却环节

这是冷链物流形成的第一个环节。整个冷链的质量很大程度上都取决于这个环节的质量好坏。低温储藏的前提是新鲜，在此基础上，通过低温贮藏来有效控制在储藏过程中温度波动对产品的影响，但是如果产品在储藏之前已经不新鲜或者没有经过任何处理，这样即使立即进行低温储藏也是没有作用的。因此，及时、快速地进行冷却和保鲜对于确保产品从加工到销售各环节的原有品质具有非常重要的意义。

2. 低温加工环节

包括肉禽类、鱼类、蛋类以及果蔬等的预冷，以及各类速冻食品在低温状态下的加工等。易腐物品在生产、收货、收集后应尽快进行冷加工处理，尽可能地保持最好的品质。加工过程中对温度进行有效的控制是一个难点，但是该环节却是整个冷链中非常重要的一个环节。因此，在加工过程中准确有效地控制温度是低温加工环节需要保证的。在低温加工环节中主要会涉及的冷链装备有冷却、冻结装置和速冻装置。

3. 低温贮藏环节

易腐性是冷链中的产品最大的特点，通过低温贮藏，将温度等控制在合理区间，可以减少和延缓产品腐败。贮藏主要包括食品冷却和冻结储藏、水果蔬菜等食品的气调贮藏等。目前我国的储藏方式主要可以分为四类：冰温储藏技术、气调储藏技术、减压储藏技术以及 MAP 储藏技术。

4. 低温销售环节

包括各种冷链产品进入批发零售环节的冷冻储藏和销售。低温销售环节需要生产商、批发商和零售商共同完成。随着连锁超市在全国范围内的迅速覆盖，各种连锁超市已经成为冷链产品的主要销售渠道。在这些零售终端中，大量使用了冷藏（冻）陈列柜和储藏库，由此逐渐成为整个冷链中不可缺少的一环。

5. 冷藏运输及配送环节

冷藏运输及配送环节最大的特点就是涵盖了整个冷链的始终，将冷链其他环节连接起来，串联形成一个完整的冷链物流。冷链运输有多种形式，主要涉及铁路冷藏车、冷藏汽车、冷藏集装箱以及冷藏船等低温运输工具。在冷藏运输及配送环节中，温度波动是引起食品品质下降的主要原因；因此，冷链效果的好坏很大程度上取决于运输工具，所以运输工具要具有良好的性能，要能够保证运输过程中温度的控制满足要求并且温度稳定没有较大波动，对于长距离的运输要求更高。

简单的冷链物流结构图如图9.1所示。

图 9.1　冷链物流结构图

分析上述的冷链物流流程和环节，可以将其概括成贯穿整个冷链物流过程的冷链物流子系统，它们之间的协调高效运转是整个冷链物流得以高效进行的基础。各子系统的职能及所配套的设备及技术总结如表9.2所示。

冷链物流各子系统介绍　　　　　　　　　　　　　　　表 9.2

名称	职能	配套设备
冷链运输系统	将冷链产品从发货方送至收货方	铁路冷藏车、冷藏汽车、冷藏船、冷藏集装箱等
冷链仓储系统	冷链产品的储存、保管	各类冷库、冷藏柜、冻结柜
冷链装卸搬运系统	冷链产品在各物流节点上的装卸搬运	冷库
冷链包装加工系统	冷链商品的包装、加工	冷库、冷却冻结和速冻装置
冷链配送系统	运输支线上的选、配、送货	冷藏车、集装箱
冷链信息系统	物流系统的信息集成和控制管理	RFID 标签

四、　我国冷链物流发展概况

我国冷链行业起步于20世纪50年代，目前果蔬、肉类和水产品冷链流通率分别为5%、15%和23%，在人均库容量、冷藏车数量等方面严重不足，而美、日等发达国家肉禽冷链流通率已接近100%，蔬菜、水果冷链流通率也达到95%以上。我国因冷链问题造成每年约1200万吨水果、1.3亿吨蔬菜的浪费，损失高达1000亿元。

虽然我国冷链物流工业的发展速度很快，产品产量及进出口贸易持续增长，冷链物流建设投资力度很大，科研开发及技术创新蓬勃发展，引进技术及设备和对外交流都有很大进展，但仍然存在不少问题。

首先，冷链设施落后且运输效率低。我国冷链物流基础设施虽然正在迅速增长，但是相对于我国庞大的人口和对冷链物流的需求，冷库和冷藏车等资源的人均占有量仍旧偏低，且部分基础设施陈旧老化严重，急需改造升级。同时由于铁路资源等限制，铁路冷藏运输和公路冷藏运输协调度低，制约冷链运输效率。除此之外，我国食品冷链物流采用率比较低，一些冷链运输食品在物流配送中并没有使用冷藏车。

其次，行业标准不完善。目前冷链物流行业标准除了标准本身的不规范，还包括标准制定者的不规范。该行业标准是由相关企业来制定的，在标准的内容上不免失去公正客观性。虽然越来越多的协会和部门都开始制定冷链的相关标准，但在内容上，地方标准、行业标准、国家标准相互交叉，没有统一的规范，导致标准体系建设很不完善。

此外，缺乏系统有效的冷链物流管理。在目前的冷链物流市场中，冷链体系管理仍是一片空白，多数冷链物流企业都还在低水平的运作层次。企业强大的整合能力和管理水平等是其有效保障物流供应链运作的必要条件。因此，企业要加强冷链物流供应链管理水平建设，形成高效的冷链管理体系，对冷链物流供应链整体服务进行统一的规划和设计，实现对冷链运输全过程的管理和协调，提高管理和服务效率，减少相应损耗。

第2节　港口冷链物流运营模式

一、　港口在冷链物流中的业务类型

港口冷链物流主要开展国外采购、国际中转、国内仓储、配送和贸易、冷链金融、增值服务等业务，开展国外水产品、水果和肉类在国内的销售业务，同时进行产业链的延伸拓展，集加工、贸易、销售、展示于一体。根据不同业务的特点，考虑采用不同的开发运营模式。

1. 国外采购：发挥港口与海关、检疫部门、进口代理、船公司长期进行业务合作的优势，在传统码头装卸和港区物流服务的基础上，拓展业务范围，开展进口生鲜采购业务。开展采购业务可从为各进口生鲜经销商服务起步，逐步与国外生鲜供应商、生鲜出口代理形成稳定的合作关系，适时发展港口自有的进口生鲜品牌。

2. 国际中转：国际冷藏中转的业务形式主要是国际散货冷藏船靠泊之后，部分冷藏货物直接装入冷藏集装箱，中转至其他地区，另一部分货物则进入港区冷库进行保税仓储，等待合适时机再进行转运。

3. 国际配送：国外产品和国内产品可以进入港区进行混合集拼，经港区中转到其他地区，实现跨区域和国际配送。

4. 市场交易：建设红酒、果蔬、肉类等交易市场，促进供需双方将期货交易地设立在港区。

5. 运输配送：发展港区内的短驳、国内冷藏运输、国际海运等专业冷链物流配送服务，满足客户需求。

6. 代理报关：为客户提供专业、高效的入出区清关手续，加快报检，同时设立客户与口岸监管部门沟通交流的平台，是港区冷链业务发展的重要部分。

7. 冷链金融：通过贸易合作、代理进口、先期付款等方式为进口商提供资金支持和金融服务。

8. 增值服务：根据有关政策、法律以及客户要求对货物进行标签备案、贴标、更换包装和简单加工、分拣等，为客户提供附加物流服务，形成相关配套产业，是港口冷链物流的未来发展方向。

二、 港口冷链物流体系

1. 冷链物流配送体系

随着我国城市居民收入水平的不断提升以及连锁经营、电子商务的快速发展，人们的消费需求、结构和品质要求发生巨大变化，小批量、多批次的配送需求日益旺盛，多样化、个性化的配送需求不断增加，必须建立经济、安全、便捷的城市配送体系，以服务城市商贸流通和居民消费。作为城市配送体系的主要组成部分，城市冷链配送是提高居民生活质量、完善城市服务功能的重要途径，也是改善连锁超市、餐饮等生活配套服务机构冷链服务体系的重点。

在车辆的安排上，对门店的配送以中型冷藏车为主，作业较为简单易行。而对生鲜宅配，为保证"最后一公里"的配送质量并节约物流成本，通常用冷藏车将同一配送区域的货物集中到配送站点之后，再用小型车辆结合保温箱配送到各家各户。

2. 冷链物流中转体系

港口发展国际冷藏中转业务需要硬件设施和相关政策的支持。在硬件设备上，需要有冷库、堆场、泊位、装卸设备等设施条件。在相关政策上，与冷藏中转相关的保税港优惠政策包括：国外冷藏货物进入港区无须报关，简单报备即可进入港区冷库保税仓储，为货物节省了港杂费和滞箱费；冷藏货物转口时只需向海关报备即可装船出境；进口时可"一次报关，分批出关"；国内货物进入港区冷库后视同出口，即可办理出口退税；出口货物可以"分批入库，集中通关"。保税港政策为国际中转业务的发展提供了有力的政策保障和机遇。

3. 冷链信息服务平台体系

地区层面，需要有专门的、公共的基于物联网的冷链物流信息服务平台，或是第三方的冷链物流平台。整合优化冷库仓储、海关、检验检疫、银行、物流企业等交易链中的信息资源。

企业层面，企业内部需具有一定程度的信息化基础，建有相应的冷链物流服务平台，负责组织管理物流业务、提供优质服务。

4. 冷链物流配套服务体系

冷库物流园区不同于普通的物流园区，拥有冷链物流功能、包装加工功能、展示交易功能、食品安检功能、信息服务功能、综合办公及辅助服务功能，其配套设施也要有其相应的特点。冷库建筑应具有严格的隔热性、密闭性、坚固性和抗冻性。结构建筑、给排水、暖通及配套的电力设备都要按照规范来进行设计施工。

三、 国内港口冷链物流行业发展趋势

近年来，我国沿海港口对冷链物流表现出了极大关注，为实现企业转型发展，各方不断加快推进冷链基础设施项目建设。

大连港充分发挥区位优势，积极拓展东北腹地市场，现已成为国内最大的保税冷链口岸。大窑湾保税港区的恒浦国际物流二期、泰达明丰等冷库项目正在推进，项目完工后，大连口岸的冷藏能力将达到40万吨级，成为国内规模最大、功能最全的保税冷藏口岸。目前，大连港冷链产品国际中转量年均增长达到60%，到2020年将形成100万吨级冷库

群及冷链物流配套产业群。

2013年，天津东疆保税港区获批成为进口水果指定口岸，大大提升了天津港水果乃至整个农产品领域的通关效率。为缓解北京及北方地区进口生鲜农产品依赖上海和广州的局面得到缓解，首农集团在天津港规划建设了5.6万平方米的冷链物流基地，一期以水果进口为主，冷库建筑面积14000平方米，开展进口水果仓储、通关及物流配送等服务，同时开展进口水果贸易等业务，使水果等农产品上架时间可缩短3至5天，物流成本降低2/3。

宁波港冷链物流中心一期于2014投入试生产，冷库库容80000立方米，占地面积超过一个标准足球场，主营业务涉及果蔬、肉类、水产品等进出口商品的冷链服务，为客户提供综合仓储、低温查验、港口接运、仓储融资、低温配送、信息追溯、报关报检、多式联运、进出口代理、分拣包装及其他增值服务。自投运以来，虽然业务量快速增长，但查验环节的"断链"问题，一直困扰着宁波港冷链物流中心。

上海洋山保税港区区内冷库面积已达26571平方米，依托洋山保税港区日臻完善的区港一体功能、航线配置和硬件设施，国际采购及物流分拨配送类业务已稳步成为洋山保税港区具有代表性、发展成熟且具成长性的功能业态。

我国港口冷链物流总体上处于起步晚、服务附加值低的阶段，随着消费方式与食品观念的转变，产业结构升级与全国冷链物流网的铺开，冷链基地和冷藏货物消费将不断扩展，冷链物流将成为港口发展的新亮点。

第3节　港口冷链物流存在问题及建议

一、港口企业发展冷链物流存在的问题

1. 港口相关设施设备无法满足要求

冷链服务对港口设施设备有特殊的要求，随着冷链服务发展，冷链服务对象增多，不同的冷链物流商品也对港口提出了更高的要求。虽然我国港口发展较快，新建港区和泊位很多，对于港口基础设施投资较大，但是港口冷链物流设施及配套的建设依旧没有满足冷链的需求及未来发展趋势，缺少足够的专业冷链服务设施，设施落后老化问题明显。港口冷链基础设施跟不上，导致很多港口冷链服务不专业不标准。例如，部分港口露天直接进行蔬菜水果的换装，没有能够做到全程冷链，还有东北有些地区在冬天为了保持恒温，用棉被覆盖替代专业的冷藏环境。

2. 冷链物流服务信息化程度较低

信息化发展是当前冷链物流服务的一大趋势，也是提高物流市场竞争力的关键，目前很多冷链物流企业的信息化程度较低，没有形成完整的信息管理和服务网络，没有形成统一的冷链物流信息平台。目前，物流企业、生产企业和港口之间缺乏及时和有效的信息共享，很容易出现区域冷链产品的服务水平与需求相差较大的情况，从而导致了港口在区域冷链供应链系统中流通的盲目性。

目前很多港口企业对信息化建设不重视，信息化程度仅仅停留在拥有提供少部分功能的类似于财务管理软件或者库存管理软件的水平，没有形成贯通企业物流各环节的信息管理系统。港口企业之间信息化程度发展水平差异也比较大，地区之间的发展也参差不齐，

也就造成了全国港口冷链物流信息的不连通不协调不共享的情况。

信息化建设很重要的一点，就是能够促进冷链物流效率和质量的提高。冷链物流对时间、温度的要求很苛刻，这就要求整个运输过程中时间的信息、温度的信息、运输路径的信息等必须能够及时准确地掌握和调控。通过信息化建设，能够有效地实现对这些信息的提取、管理和使用，保证运输的及时、高效和质量。

3. 港口冷链物流服务没有形成有效的服务网络

冷链物流与其他物流行业对服务网络的要求一样，需要线路和节点形成网络，如果冷链物流服务只是集中在港口，腹地没有相应需求和物流通道来对接港口，就不会形成"港口-腹地中心-用户"的链条，也就不可能带动港口冷链服务的可持续发展。当前冷链物流市场网络不健全，加之部分冷藏货物的季节性差异和消费市场的地域差异等原因，造成冷链运输具有区域性和季节性的不均衡，以上问题需要通过形成冷链物流服务网络加以解决。

4. 冷链物流服务国家政策和标准化服务体系缺失

我国冷链物流服务国家政策和标准化服务体系不完善，相关政策和标准没有得到落实，很多冷链物流企业各自为政，冷链基础设施建设标准缺失，相互之间不统一不衔接，直接影响了港口冷链物流的进一步发展。例如，对于某些特殊的冷藏货物的全程物流运输就必须制定详细的操作流程、设备使用以及低温控制标准，对货物卸船、进入堆场、配送中心、售卖处等不同阶段都要有相应的时间限制，操作流程和温度控制等都要有明确的规范和要求，从而确保整个冷链物流服务过程的质量，达到产品和用户的要求。

二、 港口企业发展冷链物流的建议

1. 优化港口冷链物流服务设施和布局

提供足够的冷链物流服务设施、并根据冷链物流的特点对港口进行合理的规划布局，这是港口发展冷链物流的一个基础条件，主要包括冷藏运输车辆、冷藏仓库、冷藏集装箱的专用堆场和冷藏作业工艺等。同时，为了拓展港口冷链物流的服务，港口企业应该到腹地的重要城市投资兴建自己的仓库站场，通过搭建港口和内地的物流通道，拓宽港口冷链服务的范围，形成以港口为中心的冷链服务网络。

冷藏船运输有较好的发展前景，专家预测冷藏船运输在未来数十年将会占到国际集装箱运输的70%以上，港口也应当顺应这个趋势，发展与冷链物流相关的产业配套。

2. 加快港口冷链物流信息化进程

信息化是冷链物流效率和质量的保证，是港口冷链物流发展的支撑，网络信息技术已经改变了物流传统的运作模式。港口冷链物流信息化建设的一项内容就是打造一个以港口为中心的信息网络平台，提取处理和共享客户资料、船舶资料、冷链产品资料、车辆信息、冷链仓库信息等等，从而将冷链物流全过程集成在信息平台上，可以做到全过程的跟踪和控制。通过综合运用通信技术、网络技术、全球定位系统（GPS）等技术，促进冷链运输数据透明化，保证冷链运输过程安全高效，降低运营成本。

3. 推动冷链物流标准化管理，促进冷链物流有序发展

国家协调地方政府进行国家级、省市级、港口三级规划，并且三级规划应当协调递进，严格控制由于无序建设而造成的岸线资源浪费。冷链物流中心和配送中心应当从更高

层面进行统一规划，严格避免重复建设和无序竞争，优化冷链物流中心和配送中心之间的运输路线。

冷链物流标准化建设直接影响相关企业内部和企业之间的业务运作效率，更关系到健康食品、药品等民生物资的流通安全；因此，加强冷链物流标准化建设将极大地推动冷链物流更稳定、更标准、更专业的方向发展。

第4节　港口冷链物流运作案例

某港口的冷链物流设施设备集中于该港集装箱港区的冷链物流园，服务于水产品和生鲜食品的进出口贸易及中转业务。在生鲜产品产量和需求量都很大的该港腹地地区，农副产品的采购集货和生鲜食品的最终配送上易发生"断链"。考虑该港所在城市冷链物流发展现状及存在问题，要实现地方政府、海关、商检、第三方物流企业、贸易商和客户等的协商合作，促进冷链物流无缝衔接，降低冷链物流成本，凭借基础设施和政策优势，该港发展冷链物流是必然趋势。

根据冷链物流需求预测，结合该港冷链物流仓储设施布局现状，基于目前中转业务、金融贸易、信息服务等领域存在的问题，对该港冷链物流体系进行以下几个方面的规划：

一、　冷链物流设施布局与能力规划

建设冷链物流节点，完善冷链物流网络，是发展冷链物流的重要任务。综合分析冷链物流需求和冷链物流仓储设施布局现状，从冷库集群、专业化冷藏船泊位、国际水产品中转冷库、冷藏集装箱堆场、生鲜食品分拨配送中心、交易展示中心、生鲜产品查验中心、综合服务区、保税仓库等方面着手规划港区冷链物流基地，从冷库仓储、生鲜产品交易及物流配送、国际集装箱中转等方面着手规划腹地冷链物流基地，整体上在该港口及其腹地地区建设涵盖口岸设施、仓储设施、交易市场在内的冷链物流基地，构建面向腹地地区的功能完善、布局合理的冷链物流网络。

发展冷链物流还需要加大力度发展先进的冷链物流设施与装备。例如，生鲜农产品产后预冷技术和低温环境下的分等分级、包装加工等商品化处理手段，运输环节的全程温度控制技术等。针对我国冷链装备和技术发展现状以及冷链需求的实际，提出该港口冷库类型和冷藏运输设备规划，为该港构建设施先进的冷链物流体系提供硬件基础。

1. 冷库类型规划

为打造功能完善的冷链物流服务体系，该港应建设涵盖生产、加工、仓储、配送功能的综合性冷库，并根据生鲜食品的货种进行分类。综合性冷库库房内应设冷库站台、储存区、加工区、分拣区、备货区、回收货品区，配备制冷机房、电控制室、办公、生活用房等配套设施。果蔬冷库中应设气调保鲜间，水产品冷库中设制冰间与冰库。

按建筑形式分类，冷库可分为较大跨度的单层冷库和适当跨度的多层冷库，其中单层冷库的层高多为 6~15m，多层冷库的层数以 4~6 层为宜。一般大中型冷库为节约用地多采用多层建筑，而小型冷库及货物进出频繁的中型冷库宜采用单层建筑。考虑不同冷链物流基地土地规模和对冷库功能要求的不同，各冷链物流基地冷库类型可按下表进行规划。

冷库种类	冷库类型	优势
公用冷库	多层冷库	节约土地资源,增加冷库货物储量
中转冷库	多层冷库	合理利用土地资源,增加中转货物储量
分拨配送中心	单层冷库	便于货物进出,提高配送效率
生鲜冷藏加工库	多层冷库	提高土地利用率
城市配送中心	单层冷库	便于货物进出,提高配送效率
生鲜冷藏加工区冷库	单层冷库	便于进行加工
公用冷藏仓储区冷库	多层冷库	提高冷库货物储量
分拨配送中心	单层冷库	便于货物进出,提高配送效率
市场配套冷库	小型单层冷库	可供市场批发商租用,满足小批量冷藏需求
城市配送中心	单层冷库	便于货物进出,提高配送效率

按使用库温要求,冷库可分为恒温库、高温冷库、中温冷库、低温冷库和超低温库,各类冷库库温及用途如表 9.4 所示:

冷库温度范围分类及用途　　　　　　　　　　表 9.4

冷库种类	库温	储藏食品
恒温库	+8℃～+15℃	果品、蔬菜、花卉、红酒等
高温库	+5℃～-5℃	果蔬、蛋类、药材等
中温库	-10℃～-18℃	肉类、水产品等
低温库	-23℃～-28℃	雪糕、冰淇淋及低温食品
超低温库	≤-30℃	金枪鱼、速冻食品及工业、医疗等特殊物品

制冷设备方面,应根据各冷库的不同需求确定采用集中制冷还是独立制冷。在冷藏和恒温库中,根据对制冷效率和温度波动的要求确定采用一级直接冷却还是分级冷却。另外,在人工操作环境中保证空气新鲜和避免冷能的散失也是设计时应考虑的问题。冷库中安装和使用的设备在考虑经济性、耐用性和维修成本的同时,还要考虑冷环境下的使用要求,考虑材料在低温环境下的物理变化和电控制系统耐低温的能力。

冷库的技术方面,应针对果蔬冷库发展通风预冷技术与气调贮藏技术;针对水产、肉类冷库发展低温环境下的分级与加工包装技术。所有冷库的制冷、温控、实时监测及安全防护技术应进一步完善,并逐渐向自动化趋势发展。在新建冷库中进行全自动化立体冷库的尝试,运营成熟后推广到各个冷库集群中。

2. 冷藏运输设备规划

依据该港口冷链运输设备的现状,规划扩大冷藏运输设备规模,完善冷链运输配送体系。

通过对社会资源整合及自购等方式,增加大型(14t 以上)、中型(6～14t)冷藏汽车数量,建立和完善该港自有的长途冷链运输车队,以满足该港与腹地主要城市之间的冷藏货物公路运输需求,其中大型冷藏车以机械制冷的冷藏半挂车为主要车型。

通过与已有第三方冷链物流企业的合作及社会资源整合,增加轻型(1.8～6t)、微型

（1.8t 以下）冷藏汽车数量，以满足该港所在城市和腹地主要城市冷库群与周边城市及市区内各配送节点之间的冷藏运输需求。轻型、微型车的车型选取以方便快捷为标准，以满足城市配送的灵活性。

根据市场需求和内陆冷链物流节点发展情况，适时增加铁路冷藏车数量，以满足离港较远腹地城市的生鲜农产品的集货、配送需求。

发展蓄冷保温箱设备，以满足"最后一公里"配送需求，适应直销、电商、宅配业务的物流灵活性和敏捷性需求。根据目前保温箱的发展趋势，蓄冷材料推荐采用干冰型冰袋。

二、冷链物流中转体系规划

国际冷藏中转的业务形式主要是国际散货冷藏船靠泊之后部分冷藏货物直接装入冷藏集装箱，中转至其他地区，另一部分货物则进入保税冷库进行保税仓储，等待合适时机再进行转运。

该港冷链物流中转体系的构建要在现状条件的基础上，基于目前中转业务存在的问题，参考国内外成熟港口的冷链物流发展模式，针对俄罗斯、日本、韩国远洋捕捞渔船等主要客户，对港区冷藏中转业务的硬件设施进行规划，提出所需的优惠政策和业务培训建议，从而建成涵盖冷藏散货装卸、冷却加工、保税仓储、装箱转运的冷藏中转服务体系。

1. 完善冷链中转硬件设施

通过对港区专业散货冷藏船泊位进行改造，在冷藏散货泊位后方建设冷藏货物临时堆场与中转冷库，以及冷链物流园内冷库与冷藏箱堆场的建设，形成一个集保税港、专业冷藏船泊位、集装箱码头及冷库群于一个区域内的专业化冷链物流中心。同时，中转冷库的建设将大大缩短中转水产品从泊位到冷库的运输距离，降低运输成本，提高转口效率。

2. 争取冷链中转优惠政策

海关方面，争取更加简化的中转报备手续，争取实现海关报关系统支持中转业务，缩短中转水产品审批流程。

检验检疫方面，加快落实免除中转货物产地证和卫生证要求，放宽对转口水产品单证语种上的限制，为转口水产品根据进口国的要求提供多语言转口单证服务。同时，要充分发挥检验检疫部门的能动创新性，研究实施便捷高效的检验检疫新模式，进一步简化国际水产品中转程序，争取尽快与国际接轨，吸引远洋捕捞渔船从该港口岸进行冷藏散货中转。

冷库资质方面，争取政府部门加大对该港冷链企业申请国外卫生注册的推荐力度，推动并帮助即将入驻的冷链企业获得欧盟及其他对食品进口有要求的地区的卫生注册资质。

3. 提高冷链中转业务水平

加快人才培养，对冷藏中转相关人员业务进行培训，提高冷藏散货装卸、冷却加工、仓储管理的业务水平；提高冷藏中转服务的效率和质量；重点提高根据不同进口国要求对中转产品进行差异化加工包装的能力，以进一步拓宽冷藏中转业务市场。

基于以上硬件设施的建设和相关政策的支持以及冷链从业人员业务能力的提高，可以有效缩短水产品中转运输距离和审批时间，从而形成中转水产品"冷藏船泊位-中转冷库-冷藏船泊位（或集装箱泊位）"的简化中转流程（如图9.2所示），提高该港开展国际水产品中转的核心竞争力，将该港打造成国际水产品中转的枢纽港。

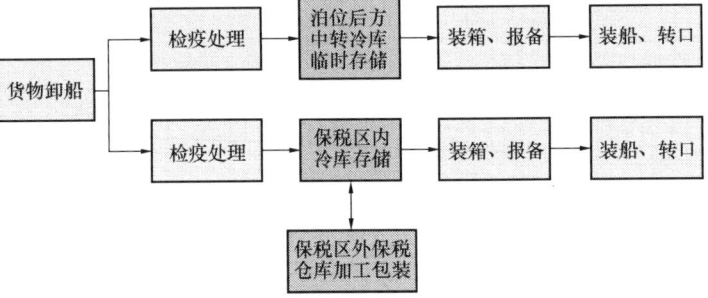

图 9.2　某港国际冷藏中转业务流程

三、 冷链物流金融与贸易服务规划

鉴于金融服务与贸易服务之间的紧密联系，可借助港口资源、品牌优势以及在物流金融服务领域的经验，由港口或下属公司与具备丰富生鲜产品贸易资源与经验的企业进行合作，共同搭建港口冷链金融与贸易平台，一方面为中小冷链企业提供金融增值服务；另一方面开展生鲜产品，完善港口冷链物流体系功能。

1. 冷链金融与增值服务发展措施

结合港口的资金优势和政策优势，该港应充当牵头企业的角色，着眼于高品质、高附加值的高端冷链物流体系的构建，依托港口冷链金融与贸易服务平台，适时推出符合自身发展要求和众多冷链物流企业需求的金融及增值服务，推动区域冷链物流持续、健康、快速发展。通过冷链金融与贸易平台，可以开展以下金融与增值服务：

以冷链设备及技术为资产进行融资租赁业务。融资租赁是指出租人对承租人所选定的租赁物件，进行以融资为目的购买，然后再以收取租金为条件，将该租赁物件中期或长期出租给该承租人使用。其主要特征是：由于租赁物件的所有权只是出租人为了控制承租人偿还租金的风险而采取的一种形式所有权，在合同结束时最终有可能转移给承租人；因此，租赁物件的购买由承租人选择，维修保养也由承租人负责，出租人只提供金融服务。

以融资租赁为主要策略，通过港口冷链物流平台，该港可以将冷链物流所需的冷藏车、低温液体运输车以及冷链物流技术等作为资产，将其使用权转移给冷链物流相关承租方，自身保留资产的所有权。租赁期间，承租人负责初始检查验收该港所提供的租赁物，验收后对该租赁物的质量与技术条件不再向承租人做出担保。该港保留租赁物的所有权，承租人在租赁期间支付租金而享有使用权，并负责租赁期间租赁物的管理、维修和保养。港口收取租赁费用作为主营业务收入，从而提高营业净利润，并为港口冷链物流业务的发展提供资金支持。并且在融资租赁期间结束时，该港可以自由选择是否将固定资产所有权转移给承租方；最终港口既可以得到主营业务收入、转移固定资产运营的风险，同时保留了固定资产的所有权，从而以较低的风险获得了相对较高的收益。

冷链物流融资租赁的具体流程如图 9.3 所示。

以仓库优势开展仓单质押贷款业务。冷链物流生产经营企业先以其采购的冷链原材料或产成品作为质押物或反担保品存入融通仓并据此获得协作银行的贷款，然后在其后续生

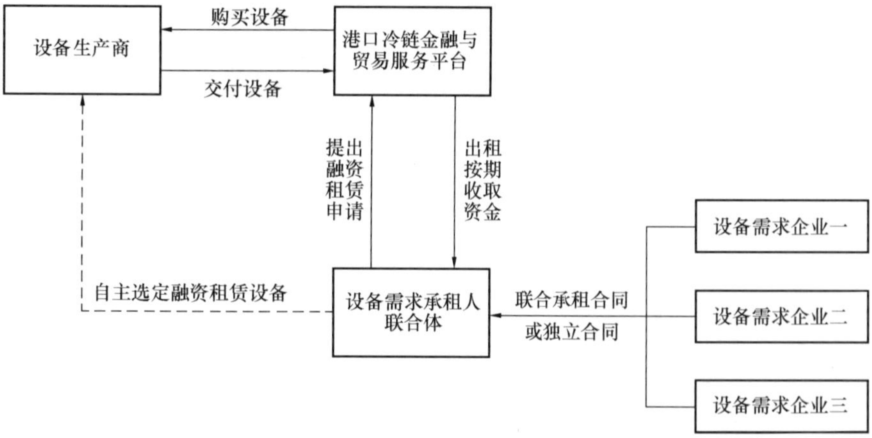

图9.3 冷链物流融资租赁流程

产经营过程中或质押产品销售过程中分阶段还款。第三方冷链物流或者仓储企业提供质押物品的保管、价值评估、去向监管、信用担保等服务，从而架起银企间资金融通的桥梁。其实质就是将银行不太愿意接受的动产主要是冷链原产品转变成其乐意接受的动产质押产品，以此作为质押担保品或反担保品进行信贷融资。

从盈利来看，冷链仓单质押具有以下优点：冷链物流存货企业可以通过原材料产成品等流动资产实现融资。银行可以拓展流动资产贷款业务，既减少了存贷差产生的费用，也增加了贷款的利息收入。而港口的收益来自两个方面：第一、存放与管理冷链货物而向存货企业收取费用；第二，为供方企业和银行提供价值评估与质押监管服务而收取一定比例的费用。

基于以上分析，该港可以利用冷链仓储及运输设施的优势，为质权人和出质人提供冷链仓储物质押保管的服务，收取仓储费作为报酬，从而扩展该港的业务范围，获得更多的收益。具体来看，冷链仓单质押中该港可利用冷链物流平台开展如下业务：

① 作为冷链仓储公司，为出质人提供冷链存货仓单证明，出质人以此仓单作为凭证向银行等金融机构借款或提出融资申请。

② 应在存储期间对仓单项下的货物负责保管；未经质权人银行同意，不得以任何理由接受出质人对仓单的任何挂失、更改、注销等申请；只有经银行签发的解除监管的仓单释放通知书方可给出质人发货。

③ 享有救济权，并可以以此行使相关权利。依我国合同法相关规定，仓单持有人提前提取仓储物的，保管人不减收仓储费。若质权实行时，仓储期间业已届满超期，保管人亦享有同样的救济权，由质权人先支付逾期仓储费，债务人最后予以补偿。

冷链物流仓单质押业务流程如图9.4所示。

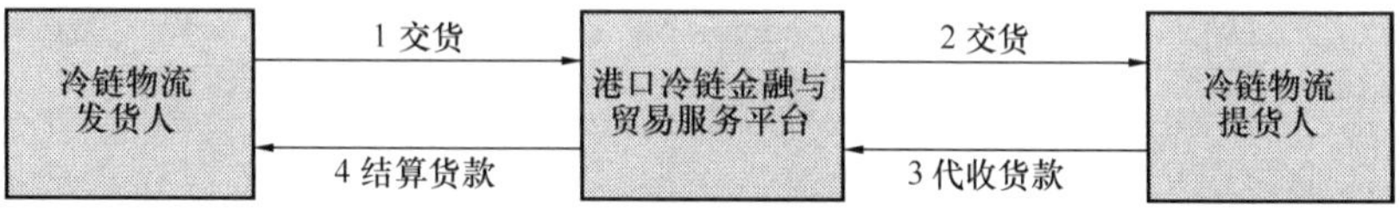

图9.4 冷链物流代收货款业务流程

2. 冷链贸易服务发展措施

依托港口冷链金融与贸易服务平台，该港可拓展冷链物流产业链条，以中高端进口生鲜产品为市场定位，开展冷链产品贸易服务，具体措施包括：

注册港口自身的冷链商品品牌。注册冷链商品品牌可以为港口带来溢价、产生增值，形成冷链物流体系的无形资产。国内生产的生鲜产品无论在国内还是国际市场都具有食品安全的阴影。港口自身注册的冷链商品品牌是用以和其他供应商的产品或物流服务区分的象征。

拓展冷链物流基地的贸易功能。各冷链物流基地作为开展冷链产品贸易服务的载体。口岸端冷链物流地基主要进行进口生鲜产品的引进以及面向各冷链物流基地的分拨，同时具备大批次冷链产品的展示、拍卖与交易功能。内陆端冷链物流基地应规划生鲜交易功能，开展生鲜产品"直销＋批发＋电商"模式的贸易服务。可冷链基地的具体贸易业务依托冷链金融与贸易服务平台运营与开展。

搭建冷链电子商务平台。该港发展生鲜贸易服务还应结合冷链金融贸易与服务平台与冷链信息服务平台，建设电子商务平台，实现生鲜产品的展示与发布、在线电子支付，并充分收集消费者反馈，以便对引进产品及销售服务进行改进。

四、 冷链信息服务平台规划

冷链信息服务平台是港口冷链物流体系发展的首要前提和重要支撑，对于促进冷链物流企业的发展、提高冷链物流发展水平、提高冷链物流效率和改善民生具有重要的意义。凭借先进的冷链信息服务平台，该港可以采用链、群、网的发展模式，整合腹地的冷链物流资源，构建港口冷链物流平台，形成覆盖主要货源地，辐射区域的冷链物流网络体系。

1. 平台发展战略

冷链信息服务平台的建设，应具有鲜明的公共性质，一方面为加入平台的企业服务，使企业能够更加容易地进行贸易活动、能够更加快速地发展起来；另一方面也能够对冷链物流企业、政府部门、其他服务企业进行资源整合，形成具有该港特色的冷链物流品牌、生鲜产品品牌。

冷链信息服务平台的发展战略总体上可以划分为 5 个层面：

（1）确定建设内容及标准、技术等，以及进行基础设施建设，作为冷链信息服务平台的硬件基础；

（2）处理好港口与各冷链物流企业的物流操作相关的数据的整合工作，打造通畅的冷链物流操作数据交换通道；

（3）实现与海关、检验检疫等政府监督、服务部门的信息联动，打造更加快捷、便利的"一体化"通关服务体系；

（4）引进专业的金融企业，一定程度上以平台的信誉作为担保，为加入平台的企业提供更加高效、便捷，门槛更低的金融服务；

（5）建立包括 O2O 保税直营模式在内的电子商务平台，直接为终端消费者提供服务，并确保最终消费者能够以最佳的方式获得生鲜产品。

2. 信息服务平台功能体系

主要服务功能按照性质可以分为公共服务和有偿服务两大功能。

公共服务功能具有公益性质，其作用首先在于能够吸引社会上丰富的冷链物流资源聚集，并整合公共或私有资源，提高社会上冷链物流资源利用率和整体的服务效率。其次，平台的整合功能节省了企业和政府部门办理各类事务的时间，能够有效提高政府部门的工作效率和监管效率。同时，平台的公共性质可以争取到国家的政策支持，为基础设施建设提供资金保障。有偿服务功能主要指集合各企业的优势，为加入平台的各类企业提供专业的增值服务，促进该港冷链物流竞争力的提高。

冷链信息服务平台的建设需采用物联网技术，通过整合政府资源、主要企业的物流资源以及社会资源，有机结合公共服务和有偿服务两大基本功能进行设计，功能体系如图9.5所示。

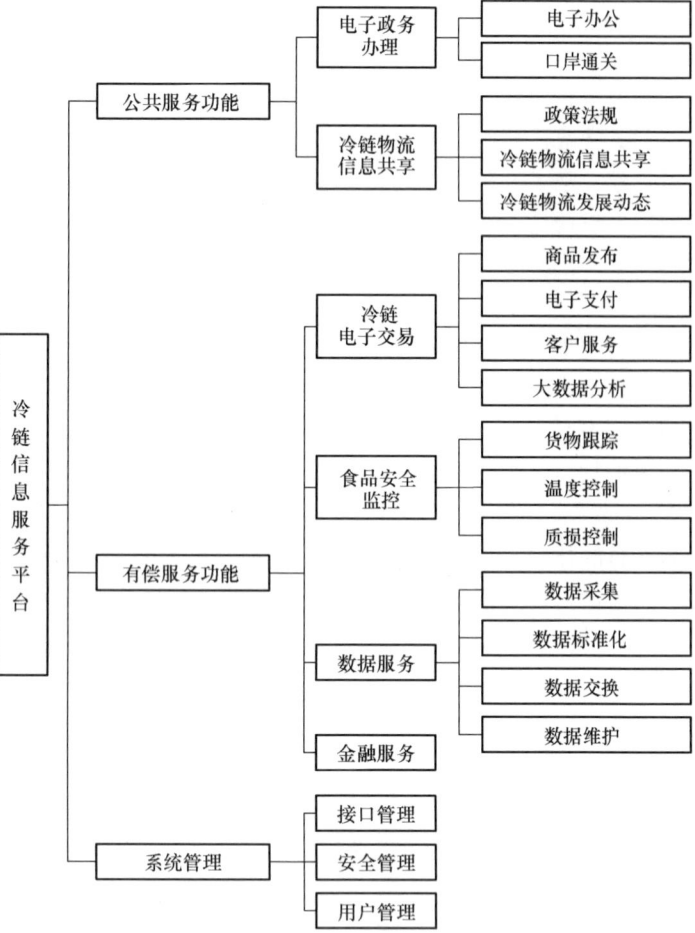

图9.5 冷链信息服务平台功能体系

五、 全程冷链体系规划

随着我国城市居民收入水平的不断提升以及连锁经营、电子商务的快速发展，人们的消费需求、结构和品质要求发生了巨大变化，小批量、多批次的配送需求日益旺盛，多样化、个性化的配送需求不断增加，为此必须建立起经济、安全、便捷的冷链物流配送体系，以服务商贸流通和居民消费。

1. 配送体系构建

（1）区域冷链配送中心

借助港口部分港区是腹地生鲜产品流通口岸的优势，在口岸端冷链物流设施逐步完善的基础上将其建设为面向腹地内陆物流节点的区域冷链配送中心，同时承担起港口所在城市的配送服务。其主要功能是生鲜产品的仓储与包装加工，并根据后方腹地主要城市冷链物流基地及交易市场、实体店的需求及时进行配货、补货。

（2）城市冷链配送中心

根据后方腹地主要城市冷链物流基地的物流企业聚集、客户资源、仓储、运输、包装加工等物流要素聚集的情况，综合选定部分后方腹地城市作为冷链配送中心。城市冷链配送中心的主要功能是对城市内生鲜交易市场、超市、餐饮酒店等进行生鲜产品的配送，在面向个体消费者的宅配服务中承担将货物配送至城市内各配送节点的功能。此外，城市配送中心应根据城市生鲜消费需求定期从港区冷链物流基地订货，结合国内市场采购、加工等方式，在冷库中保证一定数量的生鲜产品储备。

（3）城市冷链配送节点

根据城市内各个区域的消费需求，建立一定的生鲜产品交易市场、实体店或在商场超市中设立销售点。实体店与销售点作为冷链配送体系中最低端的配送节点，主要承担起对个体消费者的"最后一公里"配送服务。

2. 配送模式

综合分析国内各种配送模式的优缺点，结合物流行业发展趋势和港口冷链物流发展现状，推荐冷链配送体系中的城市配送充分利用社会资源，与第三方冷链物流企业合作的共同配送模式。第三方冷链物流企业应选择已具备成型城市配送网络，具备冷链产品配送能力与经验的企业，如大型超市的城市配送团队。具体从以下几方面着手：

（1）共同构建城市配送网络

在由港口牵头建成区域冷链配送中心与城市冷链配送中心的基础上，通过合作或整合，将第三方物流企业的城市配送节点发展为城市冷链配送节点，推进城市冷链配送网络的构建。

（2）整合冷藏运输资源，实现互利共赢

冷链城市配送要求一定规模的冷藏运输设备，而冷藏运输设备成本较高，利用共同配送模式，可与第三方物流企业共同采购、使用冷藏运输设备，或根据第三方物流企业的特点将部分区域、路线的配送任务交由其独立执行。通过整合资源，既能有效保障冷链配送体系的完善，又能减少港口自身的投资，实现相关企业的互利共赢。

（3）发挥主导作用，提高配送服务水平

在共同配送的模式下，港口应充分发挥主导作用，对配送体系进行整体规划，制定统一的标准规范，借助先进的冷链信息服务平台组织、管理和调度配送过程，保证冷链配送服务质量和产品安全，提高配送准时率和客户满意度。

参考文献、引用文献

[1] Alshawi S, Saez-Pujol I, Irani Z. Data warehousing in decision support for pharmaceutical R&D supply chain[J]. International Journal of Information Management, 2003, 23(3): 259-268.

[2] Álvarez-SanJaime Ó, Cantos-Sánchez P, Moner-Colonques R, et al. The impact on port competition of the integration of port and inland transport services[J]. Transportation Research Part B: Methodological. 2015, 80: 291-302.

[3] Artes L A, Maunahan M V, Nuevo P A. An analysis of the supply chain for bulk-loaded bananas (Musa sp.) from Mindanao to Luzon[J]. Acta Horticulturae, 2013, 1006: 71-77.

[4] Bichou K. Port operations, planning and logistics[M]. CRC Press, 2014.

[5] Bird J H. Seaports and seaport terminals[M]. Hutchinson, 1971.

[6] Boer L D, Labro E, Morlacchi P. A review of methods supporting supplier selection[J]. European Journal of Purchasing & Supply Management, 2001, 7(2): 75-89.

[7] Bowersox, Donald J, Closs, et al. Logistical Management: The Integrated Supply Chain Process [J]. McGraw-Hill international editions, 1996: 35-61.

[8] Brenner S. Hotelling games with three, four, and more players[J]. Journal of Regional Science. 2005, 45(4): 851-864.

[9] Carbone V, Martino M D. The changing role of ports in supply-chain management: an empirical analysis[J]. Maritime Policy & Management, 2003, 30(4): 305-320.

[10] Chen H, Liu S. Should ports expand their facilities under congestion and uncertainty[J]. Transportation Research Part B: Methodological. 2016, 85: 109-131.

[11] Chen S J J, Hwang C L / M J, Krelle W. Fuzzy multiple attribute decision making : methods and applications[M]. Spinger-Verlag, 1992.

[12] Chen Y, Simon R, Reichweiser C, et al. Green Supply Chain[J]. Green Manufacturing, 2013: 83-105.

[13] Chopra S. Supply chain management : strategy, planning, and operation[M]. 北京：清华大学出版社, 2012.

[14] Choy K L 1. Managing uncertainty in logistics service supply chain[J]. International Journal of Risk Assessment & Management, 2007, 7(1): 19-43.

[15] Clark D J, Jørgensen F, Mathisen T A. Competition in complementary transport services[J]. Transportation Research Part B: Methodological. 2014, 60: 146-159.

[16] Coyle, J. J. , Bardi, E. J. , Langley. The management of business logistics; a supply chain perspective, seventh Ed [M]. USA: West Publishing Company, 2003.

[17] Cullinane K, Teng Y, Wang T. Port competition between Shanghai and Ningbo[J]. Maritime Policy & Management. 2005, 32(4): 331-346.

[18] Dabbene F, Gay P, Sacco N. Optimisation of fresh-food supply chains in uncertain environments, Part I: Background and methodology[J]. Biosystems Engineering, 2008, 99(3): 348-359.

[19] De Borger B, Dunkerley F, Proost S. Strategic investment and pricing decisions in a congested trans-

port corridor[J]. Journal of Urban Economics. 2007, 62(2): 294-316.

[20] De Borger B, Proost S, Van Dender K. Private Port Pricing and Public Investment in Port and Hinterland Capacity[J]. Journal of Transport Economics and Policy. 2008, 42(3): 527-561.

[21] De Palma A, Lindsey R. Private toll roads: Competition under various ownership regimes[J]. Annals of Regional Science. 2000, 34(1): 13-35.

[22] Dechenaux E, Mago S D, Razzolini L. Traffic congestion: an experimental study of the Downs-Thomson paradox[J]. Experimental Economics. 2014, 17(3): 461-487.

[23] Fawcett S E. Supply Chain Management From Vision toImplementation[M]. 北京：清华大学出版社, 2009.

[24] Feng L, Notteboom T. Peripheral challenge by Small and Medium Sized Ports (SMPs) in Multi-Port Gateway Regions: the case study of northeast of China[J]. Polish Maritime Research. 2013, 20 (Special Issue): 55-66.

[25] Hayuth Y. Rationalization and deconcentration of the US container port system[J]. The Professional Geographer. 1988, 40(3): 279-288.

[26] Helmick J S. Global Supply Chain Security[M]. 2015.

[27] Horvath L. Collaboration: the key to value creation in supply chain management [J] Supply Chain Management, 2001, 6(5): 205-207.

[28] Hotelling H. Stability in Competition[J]. The Economic Journal. 1929, 39(153): 41-57.

[29] Ishii M, Lee P T, Tezuka K, et al. A game theoretical analysis of port competition[J]. Transportation Research Part E: Logistics and Transportation Review. 2013, 49(1): 92-106.

[30] Jost P, Schubert S, Zschoche M. Incumbent positioning as a determinant of strategic response to entry[J]. Small Business Economics. 2015, 44(3): 577-596.

[31] Kanda A, Deshmukh S G. A framework for evaluation of coordination by contracts: A case of two-level supply chains[J]. Computers & Industrial Engineering, 2009, 56(4): 1177-1191.

[32] Kaselimi E N, Notteboom T E, De Borger B. A game theoretical approach to competition between multi-user terminals: the impact of dedicated terminals[J]. Maritime Policy & Management. 2011, 38(4): 395-414.

[33] Khalid Bichou, Richard Gray. A logistics and supply chain management approach to port performance measurement[J]. Maritime Policy & Management, 2007, 31(1): 47-67.

[34] Knemeyer A M. Logistics and Supply Chain Management: Creating Value-Adding Networks. [J]. Chartered Accountants Journal, 2006(1): 203-206.

[35] Labuza T P. Open Shelf Life Dating of Foods[J]. Office of Technology Assessment, 1979.

[36] Lee P D. Port Supply Chains as Social Networks[C] IEEE International Conference on Service Operations and Logistics, and Informatics. IEEE, 2006: 1064-1069.

[37] Lee T W, Park N K, Lee D W. A simulation study for the logistics planning of a container terminal in view of SCM[J]. Maritime Policy & Management, 2003, 30(3): 243-254.

[38] Li L, Wang B, Cook D P. Reprint of "Enhancing green supply chain initiatives via empty container reuse"[J]. Transportation Research Part E Logistics & Transportation Review, 2014, 70(Complete): 190-204.

[39] Lun Y H V. Development of green shipping network to enhance environmental and economic performance[J]. Polish Maritime Research, 2013, 20(Special Issue): 13-19.

[40] Lun Y H V. Green management practices and firm performance: A case of container terminal operations[J]. Resources Conservation & Recycling, 2011, 55(55): 559-566.

[41] M S. Maritime Economics[M]. New York: Routledge, 1997.

[42] Marlow P B, Paixāo A C. Fourth generation ports – a question of agility[J]. International Journal of Physical Distribution & Logistics Management, 2003, 33(4): 355-376.

[43] Moses M, Seshadri S. Policy mechanisms for supply chain coordination[J]. Iie Transactions, 2000, 32(3): 245-262.

[44] Ng A K Y, Liu J J. Port-Focal Logistics and Global Supply Chains[M]. Palgrave Macmillan UK, 2014.

[45] Notteboom T E, Rodrigue J. Port regionalization: towards a new phase in port development[J]. Maritime Policy \ & Management. 2005, 32(3): 297-313.

[46] Notteboom T E. Concentration and load centre development in the European container port system [J]. Journal of Transport Geography, 1997, 5(2): 99-115.

[47] Notteboom T E. Concentration and the formation of multi-port gateway regions in the European container port system: an update[J]. Journal of Transport Geography. 2010, 18(4): 567-583.

[48] Pan Guohe. Cold Chain Logistics[J]. Technology & Industry Across the Straits, 2011: 8-12.

[49] Robinson R. Ports as elements in value-driven chain systems: the new paradigm[J]. Maritime Policy & Management, 2002, 29(3): 241-255.

[50] Romano P. Co-ordination and integration mechanisms to manage logistics processes across supply networks[J]. Journal of Purchasing & Supply Management, 2003, 9(3): 119-134.

[51] Rong A, Akkerman R, Grunow M. An optimization approach for managing fresh food quality throughout the supply chain[J]. International Journal of Production Economics, 2011, 131(1): 421-429.

[52] Saeed N, Larsen O I. An application of cooperative game among container terminals of one port[J]. European Journal of Operational Research. 2010, 203(2): 393-403.

[53] SCC S C. Supply chain operations reference model[M]. Supply Chain Council, 2008.

[54] Seitz V, Zigler E, Seitz V, et al. Measure for measure[J]. American Psychologist, 1997, 13(35): 949-953.

[55] Seuring Stefan, Goldbach Maria. 供应链成本[M]. 北京: 清华大学出版社, 2004.

[56] Simatupang T M, Sridharan R. The collaboration index: a measure for supply chain collaboration [J]. International Journal of Physical Distribution & Logistics Management, 2005, 35(1): 44-62.

[57] Slats P A, Bhola B, Evers J J M, et al. Logistic chain modeling[J]. European Journal of Operational Research, 1995, 87(1): 1-20.

[58] Socorro M P, Viecens M F. The effects of airline and high speed train integration[J]. Transportation Research Part a: Policy and Practice. 2013, 49: 160-177.

[59] Song D, Cheon S, Pire C. Does size matter for port coopetition strategy? Concept, motivation and implication[J]. International Journal of Logistics-Research and Applications. 2015, 18 (3SI): 207-227.

[60] Song D, Lyons A, Li D, et al. Modeling port competition from a transport chain perspective[J]. Transportation Research Part E: Logistics and Transportation Review. 2016, 87: 75-96.

[61] Song D. Port co-opetition in concept and practice[J]. Maritime Policy & Management. 2003, 30 (1): 29-44.

[62] Sowinski L L. Ports and the cold chain[J]. Food Logistics, 2012, 136: 26-29.

[63] Srivastava S K. Green supply-chain management: A state-of-the-art literature review[J]. International Journal of Management Reviews, 2007, 9(1): 53-80.

[64] Stemmler L. The Role of Finance in Supply Chain Management[M]. Physica-Verlag HD, 2002.

[65] Sun C. Sequential location in a discrete directional market with three or more players[J]. The Annals of Regional Science. 2012, 48(1): 101-122.

[66] Taaffe E J, Morrill R L, Gould P R. Transport expansion in underdeveloped countries - a comparative analysis [J]. Geographical Review. 1963, 53(4): 503-529.

[67] Tan Z, Li W, Zhang X, et al. Service charge and capacity selection of an inland river port with location-dependent shipping cost and service congestion[J]. Transportation Research Part E: Logistics and Transportation Review. 2015, 76: 13-33.

[68] Ubbels B, Verhoef E T. Governmental competition in road charging and capacity choice[J]. Regional Science and Urban Economics. 2008, 38(2): 174-190.

[69] Verhoef E T, Small K A. Product differentiation on roads - Constrained congestion pricing with heterogeneous users[J]. Journal of Transport Economics and Policy. 2004, 38(1): 127-156.

[70] Verhoef E, Nijkamp P, Rietveld P. Second-Best Congestion Pricing: The Case of an Untolled Alternative[J]. Journal of Urban Economics. 1996, 40(3): 279-302.

[71] Wan Y, Zhang A. Urban Road Congestion and Seaport Competition[J]. Journal of Transport Economics &Amp; Policy. 2013.

[72] Wang K, Ng A K Y, Lam J S L, et al. Cooperation or competition? Factors and conditions affecting regional port governance in South China[J]. Maritime Economics & Logistics. 2012, 14(3): 386-408.

[73] Waters C D J. Supply chain management : an introduction to logistics[M]. Beijing: Publishing House of Electronics Industry, 2010.

[74] Williamson E A, Harrison D K, Jordan M. Information systems development within supply chain management[J]. International Journal of Information Management, 2004, 24(5): 375-385.

[75] Wilmsmeier G, Monios J, Pérez-Salas G. Port system evolution – the case of Latin America and the Caribbean[J]. Journal of Transport Geography. 2014, 39: 208-221.

[76] Wisner J D. Principles of supply chain management : a balanced approach [M]. 2010.

[77] Xu F, Lu H, Ding N, et al. Game Theory Analysis of Container Port Alliance[J]. Journal of Coastal Research. 2015, (73): 635-640.

[78] Yue J, Liu L, Li Z, et al. Improved quality analytical models for aquatic products at the transportation in the cold chain[J]. Mathematical & Computer Modelling, 2013, 58(s 3 - 4): 474-479.

[79] Yuen A, Zhang A. Effects of Gateway Congestion Pricing on Optimal Road Pricing and 136, p29 Hinterland[J]. Journal of Transport Economics & Policy. 2008, 42(3): 495-526.

[80] Zhou X. Competition or Cooperation: a Simulation of the Price Strategy of Ports[J]. International Journal of Simulation Modelling. 2015, 14(3): 463-474.

[81] Zhu Q, Sarkis J, Lai K H. Green supply chain management: pressures, practices and performance within the Chinese automobile industry[J]. Journal of Cleaner Production, 2007, 15(11-12): 1041-1052.

[82] Zhuang W, Luo M, Fu X. A game theory analysis of port specialization-implications to the Chinese port industry[J]. Maritime Policy & Management. 2014, 41(3SI): 268-287.

[83] Zondag B, Bucci P, Gutzkow P, et al. Port competition modeling including maritime, port, and hinterland characteristics[J]. Maritime Policy & Management. 2010, 37(3): 179-194.

[84] 陈畴镛, 胡保亮. 基于平衡记分卡和层次分析法的供应链绩效评价[J]. 财经论丛(浙江财经学院学报), 2003(05): 86-91.

[85]　陈国朋. 港口服务供应链的风险评估与策略研究[D]. 武汉：武汉理工大学，2013.

[86]　陈国庆，赵一飞. 港口供应链竞合研究[M]. 上海，上海交通大学出版社，2012.

[87]　陈焕标. 港口供应链及其构建(上)[J]. 水运管理，2009，31(10)：9-11.

[88]　陈洁. 基于风险辨识的港口物流服务供应商选择与优化研究[D]. 大连：大连海事大学，2012.

[89]　陈旭群. X银行企业架构管理研究与实践[D]. 厦门：厦门大学，2009.

[90]　楚金华，刘冉昕. 基于因子分析法的企业电子商务绩效评价[J]. 沈阳工业大学学报，2007(02)：223-226.

[91]　但斌，刘飞. 绿色供应链及其体系结构研究[J]. 中国机械工程，2000，11：40-42＋4.

[92]　邓萍. 供应链环境下的港口群物流联动模式与实证研究[D]. 武汉：武汉理工大学，2013.

[93]　邓汝春. 冷链物流运营实务[M]. 北京：中国物资出版社，2007.

[94]　董雅丽，薛磊. 基于ANP理论的绿色供应链管理绩效评价模型和算法[J]. 软科学，2008(11)：56-63.

[95]　杜哲. 物流供应链风险传递理论研究及其应用[D]. 保定：华北电力大学，2013.

[96]　樊雪梅. 供应链绩效评价理论、方法及应用研究[D]. 长春：吉林大学，2013.

[97]　范明. 中小企业供应链融资问题研究[D]. 上海：同济大学，2009.

[98]　范洋，高田义，乔晗. 基于博弈模型的港口群内竞争合作研究——以黄海地区为例[J]. 系统工程理论与实践. 2015(04)：955-964.

[99]　方振邦. 绩效管理[M]. 北京：中国人民大学出版社，2003.

[100]　冯耕中. 现代物流规划理论与实践(物流供应链丛书)[M]. 北京：清华大学出版社，2005. 04

[101]　符瑛. 基于平衡计分卡的供应链绩效评价体系研究[J]. 中国管理信息化(综合版)，2007，10(5)：38-40.

[102]　顾磊，曲林迟，甘爱平，沈宫阁. 绿色供应链管理视角下港口绿色绩效及竞争力研究——来自沿海港口的问卷数据[J]. 科技管理研究，2014，23：227-232.

[103]　顾志斌，钱燕云. 绿色供应链国内外研究综述[J]. 中国人口. 资源与环境，2012，S2：204-207.

[104]　郭金玉，张忠彬，孙庆云. 层次分析法的研究与应用[J]. 中国安全科学学报，2008(05)：148-153.

[105]　国家应对气候变化规划(2014-2020年)[R]. 国家发展和改革委员会，2014.

[106]　韩冰雪. 基于因子分析法的吉林省公路运输绩效评价研究[D]. 长春：吉林大学，2006.

[107]　韩增林，安筱鹏，王利等. 中国国际集装箱运输网络的布局与优化[J]. 地理学报，2002，57(4)：479-488.

[108]　韩增林，安筱鹏. 东北集装箱运输网络的建设与优化探讨[J]. 地理科学，2001，21(4)：308-314.

[109]　胡剑，李伟杰. 物流金融：实务操作与风险管理[J]. 物流技术，2009，28(7)：65-68.

[110]　胡宪武. 供应链链际竞合博弈分析及实证研究[M]. 北京：中国社会科学出版社，2012.

[111]　胡玉明. 平衡计分卡[M]. 北京：中国财经出版社，2003.

[112]　黄俊. 港口集装箱空箱调运的免疫算法优化模型[D]. 大连：大连理工大学，2008.

[113]　黄勇. 港口企业发展战略的实证研究[D]. 北京：北京交通大学，2007.

[114]　贾平. 供应链管理(现代物流应用型系列教材)[M]. 北京：清华大学出版社，2011.

[115]　姜泰元. 信息技术、供应链协调、供应链整合与港口竞争力的关系研究[D]. 杭州：浙江大学，2012.

[116]　焦宁泊. 沿海支线集装箱运输网络优化研究[D]. 大连：大连海事大学，2008.

[117]　居水木. 竞合情景下港口企业经营效率及其影响因素研究[D]. 杭州：浙江大学，2015.

[118]　李丹，张蕾. 物流服务供应链整合的风险来源分析[J]. 中国储运，2010(4)：86-87.

[119]　李广. 现代港口物流系统评价体系研究[D]. 北京：北京交通大学，2010.

[120] 李洁. 供应链管理的发展及运行机制探讨[J]. 中国管理信息化, 2015(6)：114-117.

[121] 李建春. 农产品冷链物流[M]. 北京：北京交通大学出版社, 2014.

[122] 李美娟, 陈国宏. 数据包络分析法(DEA)的研究与应用[J]. 中国工程科学, 2003(06)：88-94.

[123] 李伟成. 基于平衡计分卡的政府部门绩效管理研究[D]. 武汉：华中科技大学, 2011.

[124] 李肇坤. 基于供应链的港口物流服务若干关键问题研究[D]. 大连：大连海事大学, 2010.

[125] 林伟泓. 浙江省沿海港口战略联盟研究[J]. 科教文汇(下旬刊). 2014(10)：214-216.

[126] 刘桂云, 陈珊珊. 宁波—舟山港港口服务供应链的结构及优化对策[J]. 宁波大学学报(人文科学版). 2015(05)：86-90.

[127] 刘青. 中小企业利用物流金融的策略[J]. 创新科技, 2007(2)：46-47.

[128] 刘徐方. 供应链管理视角下的现代物流研究[M]. 北京：中国水利水电出版社, 2015.

[129] 刘颖, 黄雁雁, 姜泰元. 港口供应链评价指标体系研究-基于层次分析法[J]. 物流技术, 2012(05)：99-102.

[130] 刘颖, 姜泰元. 基于层次分析法的港口供应链管理的研究[J]. 生产力研究, 2012(02)：111-112.

[131] 刘永胜. 供应链管理中协调问题研究[D]. 天津：天津大学博士论文. 2003.

[132] 卢萌. 低碳物流发展的影响因素及实施策略——以港口物流为例[J]. 商业时代, 2014(3)：54-56.

[133] 陆永明. 港口供应链协调评价研究[J]. 中国市场, 2009, (41)：52-54.

[134] 马士华. 供应链管理[M]. 北京：机械工业出版社, 2000.

[135] 马勇智. 深圳港港口供应链的协同管理研究[D]. 大连：大连海事大学, 2013.

[136] 毛会芳, 邹辉霞. 基于供应链管理的绩效评价研究[J]. 科技与管理, 2004, 6(4)：69-72.

[137] 缪兴锋, 王苏生. 基于循环经济绿色供应链管理绩效评价体系的研究[J]. 生态经济, 2007(12)：57-61.

[138] 宁钟, 孙薇. 供应链风险管理研究评述[J]. 管理学家：学术版, 2009(2)：54-64.

[139] 牛海姣. 基于港口供应链的运输方式与运输路径集成优化模型研究[D]. 天津：河北工业大学, 2009.

[140] 彭云, 王文渊, 宋向群, 等. 港区堆场集装箱垂直运输用能结构改造最优策略[J]. 交通运输工程学报, 2014(1)：90-96.

[141] 潘晓伟. 构建港口供应链管理体系[J]. 综合运输, 2009(10)：48-51.

[142] 瞿群臻, 王明新. 低碳供应链管理绩效评价模型的构建[J]. 中国流通经济, 2012(03)：39-44.

[143] 邵婧. 宁波港口供应链发展策略[J]. 水运管理, 2011, 33(3)：23-24.

[144] 邵万清. 港口服务供应链的协调机制研究[D]. 上海：东华大学, 2013.

[145] 宋成伟. 数据包络分析法评价技术进步的效果[J]. 技术经济与管理研究, 2008(5)：15-16.

[146] 宋丹霞, 黄卫来, 徐杨. 服务供应链管理模式特性及绩效评价体系研究[J]. 物流技术, 2009(01)：115-118.

[147] 苏晓春. 供应链视角下的港航服务体系风险研究[D]. 广州：华南理工大学, 2013.

[148] 汤伟. 港口供应链物流能力影响因素及其协调策略研究[J]. 科技与经济, 2012, 25 (5)：97-101.

[149] 汪传旭. 区域港口合作竞争及其物流系统[B]. 上海：上海交通大学出版社, 2010.

[150] 汪传旭. 基于轴—辐运输系统的区域港口群二级物流运输网络优化[J]. 系统工程理论与实践, 2008(9)：152-158.

[151] 汪应洛, 王能民, 孙林岩. 绿色供应链管理的基本原理[J]. 中国工程科学, 2003, 11：82-87.

[152] 王丹, 张浩. 区域港口间协调机制的演化博弈分析[J]. 大连海事大学学报. 2014(04)：61-68.

[153] 王能民, 孙林岩, 汪应洛. 绿色供应链管理[M]. 北京：清华大学出版社, 2005.

[154] 王能民，杨彤，乔建明. 绿色供应链管理模式研究[J]. 工业工程，2007，01：11-16＋47.

[155] 王树芳. 港口供应链风险识别及评价研究——以曹妃甸港矿石服务供应链为例[D]. 天津：河北工业大学，2011.

[156] 王文渊，宋向群，郭子坚. 基于混沌优化的港口集装箱运输网络优化[J]. 港工技术，2007(5)：10-13.

[157] 王文渊. 基于节点限制的海运集装箱运输路径优化[D]. 大连：大连理工大学，2009.

[158] 王燕，刘永胜. 供应链风险管理概述[J]. 物流技术，2008，27(8)：138-141.

[159] 王勇，姜意扬，邓哲锋. 不确定环境下的物流服务供应链风险分析[J]. 商业研究，2011(7)：179-184.

[160] 王煜. 面向上海国际航运中心的洋山综合信息服务平台[J]. 港口科技，2007(6)：17-20.

[161] 肖汉斌. 港口物流模式[M]. 武汉：武汉理工大学出版社，2011.

[162] 谢海燕. 港口供应链网络均衡模型及风险评估研究[D]. 大连：大连海事大学，2015.

[163] 谢灵. 平衡计分卡因果关系再认识[J]. 厦门大学学报(哲学社会科学版)，2011(05)：58-65.

[164] 谢如鹤. 冷链运输原理及方法[M]. 北京：化学工业出版社，2013.

[165] 徐绪松，郑小京. 定性分析的工具——探索图、循环图、结构图[J]. 技术经济，2010(05)：1-6.

[166] 杨承新. 港口物流系统协同化研究[J]. 交通企业管理，2005(8)：36-38.

[167] 杨建华，桑莉. 供应链管理的研究现状与发展趋势[J]. 工业工程，2003，6(3)：13-17.

[168] 杨文达. 环渤海区域港口物流竞合策略研究[D]. 天津：天津大学，2013.

[169] 仪月丰. 集装箱堆场物流企业风险管理的研究[D]. 天津：天津大学，2010.

[170] 尤月. 农产品加工企业供应链系统协调绩效评价指标体系研究[J]. 科技进步与对策，2010(917)：139-143.

[171] 俞海宏，王晓萍. 基于竞合博弈的长三角港口关系探讨[J]. 物流科技. 2010(10)：16-20.

[172] 袁群. 集装箱港口物流系统绩效评价研究[M]. 上海：上海交通大学出版社，2011.

[173] 袁群. 数据包络分析法应用研究综述[J]. 经济研究导刊，2009(19)：201-203.

[174] 臧秀清，张晓敏. 港口供应链的利益分配研究[J]. 统计与决策，2012(16)：45-48.

[175] 张诚. 我国供应链管理研究综述[J]. 华东交通大学学报，2011，28(3)：92-97.

[176] 张存禄. 供应链风险管理[M]. 北京：清华大学出版社，2007.

[177] 张光明. 供应链管理[M]. 武汉：武汉大学出版社，2011.

[178] 张云婧. 国际物流服务供应链风险评价指标体系研究[D]. 重庆：重庆工商大学，2012.

[179] 赵刚. 基于纵向战略联盟的日照港口供应链管理研究[D]. 南京：河海大学，2007.

[180] 赵林度. 供应链与物流管理理论与实务[M]. 北京：机械工业出版社，2003.

[181] 真虹. 港口管理[M]. 北京：人民交通出版社，2009.

[182] 郑培，黎建强. 基于BP神经网络的供应链绩效评价方法[J]. 运筹与管理，2010(02)：26-32.

[183] 周淑华. 基于协调的供应链绩效评价指标体系研究[J]. 科技与管理. 2005，(2)：38-41.

[184] 周鑫，沙梅，郑士源，等. 基于空间区位模型的港口企业合作定价策略[J]. 上海交通大学学报. 2011(01)：125-129.

[185] 周艳菊，邱莞华，王宗润. 供应链风险管理研究进展的综述与分析[J]. 2006，24(3)：1-7.

[186] 朱道立，吉阿兵. 港口价格竞争策略研究[J]. 复旦学报(自然科学版). 2006(05)：555-560.

[187] 朱越杰，张敬，张洁，等. 突发事件情境下港口供应链风险控制策略研究[J]. 中国物流与采购，2011(18)：68-69.